Justus Arnemann

Entwurf einer praktischen Arzneimittellehre

Band 1.2. Göttingen, Vandenhoeck 1791-1792

Justus Arnemann

Entwurf einer praktischen Arzneimittellehre
Band 1.2. Göttingen, Vandenhoeck 1791-1792

ISBN/EAN: 9783744701075

Hergestellt in Europa, USA, Kanada, Australien, Japan

Cover: Foto ©berggeist007 / pixelio.de

Weitere Bücher finden Sie auf **www.hansebooks.com**

J. Arneman D.
Profeſſors der Medicin auf der Georg Auguſts Univerſität zu Göttingen, Mitglieds der Societät der Wiſſenſchaften und Künſte zu Uetrecht, der Geſellſchaft der Aerzte zu London, und der königl. medicinischen Geſellſchaft zu Edinburg Ehrenmitglieds.

Entwurf
einer
praktiſchen
Arzneimittellehre

Zweyter Theil
von den
Chirurgiſchen Mitteln.

Göttingen,
im Vandenhoek und Ruprechtſchen Verlage.
1792.

Einleitung.

Die Lehre von den chirurgischen Arzneimitteln, hat bisher gewöhnlich das Schikſal gehabt, daſs ſie in den Schriften der Materia medica, wo nicht ganz vernachläſſigt, doch meiſtens nur als eine Nebenſache oder als Anhang betrachtet wurde. Sie iſt auch daher nicht ſo ſehr bearbeitet, als die Lehre von den innern Mitteln.

Ich

Einleitung.

Ich habe diesen Theil der Arzneimittel um so mehr von den innern Arzneien getrennt, weil die äussre Wirkungsart der Medicamente in vielen Fällen von der innern ganz verschieden, und oft selbst entgegengesezt ist. Die Anwendung der äussern Mittel hat eben sowohl ihre besondern Indicationen, die sich nicht allemahl aus der innern Wirkungsart erklären lassen, und die man nicht mit einander verbinden kann, ohne beide zu verwirren.

Im Allgemeinen bin ich dem Plane gefolgt, welchen ich für den ersten Theil entworfen hatte. Ich habe durchgehends nach den Grundsäzen der neuern Chirurgie, und nach richtigen Erfahrungen

die

Einleitung.

die Anwendung der Mittel beſtimmt, und dieſe nach ihren allgemeinen Wirkungen und der Anwendung in Krankheiten geordnet. Ueberall ſind die nöthigen Anweiſungen und Vorſichtigkeitsregeln bey dem Gebrauch angegeben, ſo weit es die Natur dieſer Schrift zuliefs. Auch zur Erleichterung der Ueberſicht ſind einer jeden Klaſſe einige allgemeine Erinnerungen vorangeſchikt, um das Buch praktiſch brauchbar, und des gütigen Beyfalls womit der erſte Theil aufgenommen worden, nicht unwerth zu machen.

Vielleicht wäre es meinen Leſern nicht unangenehm geweſen, wenn ich zugleich einen Catalogue raiſonné der brauchbarſten

Einleitung.

barſten Bandagen und chirurgiſchen Inſtrumente angehängt hätte. Im Grunde ſind ja dieſe nichts anders als Heilmittel. Ich fürchtete nur ohne die Beſchreibung der Operationen und Abbildungen, welche mich zu weit in die praktiſche Chirurgie geführt haben würden, nicht ſo verſtändlich zu ſeyn. Vielleicht werde ich dieſes zu einer andern Zeit nachholen.

Auf der Georg Auguſts Univerſität, im März 1792.

Allge-

Allgemeine Ueberficht.

Zweyter Theil.
Chirurgifche Arzneimittel.

Erfte Klaffe: Blutausleerende Mittel. Seite 1.

Zweyte Klaffe: Blutftillende Mittel. S. 16.

Dritte Klaffe: Zufammenziehende Mittel. S. 27.

Vierte Klaffe: Zertheilende Mittel. S. 48.

Fünfte Klaffe: Fäulnifswidrige Mittel. S. 76.

Sechfte Klaffe: Aezmittel. S. 97.
    A. Brennmittel. S. 99.
    B. Blafenerregende Mittel. S. 123.
    C. Rothmachende Mittel. S. 130.
    D. Künftliche Gefchwüre. S. 138.

Siebente Klaffe: Erweichende, Erfchlaffende Mittel. S. 142.

Achte

Allgemeine Ueberficht.

Achte Klaſſe: Austroknende Mittel. S. 175.

Neunte Klaſſe: Nieſemittel. S. 199.

Zehnte Klaſſe: Speichelerregende Mittel, Käumittel. S. 206.

Eilfte Klaſſe: Von der Anwendung der Klyſtire. S. 209.

    A. Tobaksrauchklyſtire. S. 218.
    B. Klyſtire von fixer Luft. S. 220.
    C. Stuhlzäpfchen. 221.

Verbeſſerungen.

Seite 9 Zeile 16 muſs ſtatt Art. radicea, Art. radiza oder radialis.
— 25 — 2 Muſkelfaserngefäſſe: Muſkelfaſern, Gefäſſe.
— 79 — 16 Macbeide: Macbride.
— 117 — 9 Bergard: Bernard.
— 160 — 19 Decandran: Decandra geleſen werden.

Zweyter

Zweyter Theil.
Chirurgifche Arzneimittel.

Zweyter Theil.
Chirurgische Arzneimittel.

Erste Klasse.
Blutausleerende Mittel.

In einem vollkommen gesunden Körper, ist das Verhältnis der zum Leben nothwendigen Feuchtigkeiten, mit der Grösse desselben, in einem gewissen und natürlichen Gleichgewicht. Werden diese in einer grössern Menge angesammlet, als zur Erhaltung des Lebens und der Gesundheit nothwendig ist, so entsteht die Vollblütigkeit, *(Plethora)* eine Ueberfüllung und Ausdehnung der Gefässe; und die nächste Folge davon, ist ein schnel-

schnellerer Umlauf des Bluts, Wallung, Erhitzung, Congeſtion.

Man hat die Bemerkung gemacht, daſs das Verhältniſs des Bluts in den Schlagadern zu den Venen, bey jungen Perſonen viel gröſſer iſt, als bey Erwachſenen. (*Wintringham*, *Haller* Elem. phyſiol. Tom. I.). In jungen Jahren iſt daher die Menge des Bluts in den Schlagadern, verhältniſsmäſſig gröſſer. Hingegen im Fortgange des Lebens, ſo wie die Schlagadern immer nach und nach feſter und dichter werden, nimmt die Menge des Bluts in ihnen allmählig ab, und dagegen in den Venen mehr zu, und es iſt zuletzt mehr Blut in dieſen enthalten, als in den Schlagadern.

Eine Verminderung des Bluts, wenn ſie nicht zu ſtark iſt, wird in wenigen Tagen wieder erſetzt. *Dodart* hat beobachtet, daſs bey einem ſonſt geſunden und ſtarken Menſchen, ſechzehn Unzen Blut welche man weggenommen hatte, nach fünf Tagen ſchon wieder erzeugt waren. Man kann daraus zwar den Schluſs machen, daſs eine einzige mäſige Blutausleerung, oder überhaupt genommen kleine Aderläſſe, keine ſehr merklichen Folgen haben können. Allein demohngeachtet iſt eine Ausleerung, die ohne hinreichende Gründe unterternommen wird, allemahl der Gesundheit nachtheilig, und eine unbedachtsame Verlezung der Naturgesetze.

Die Blutausleerungen aus Gewohnheit, oder zur Vorbauung von Krankheiten, sind daher auch sehr oft Mittel, welche den Gesundheitszustand verschlimmern: sie sind um so mehr gefährlich, weil zuweilen nach einem mässigen Aderlaſs, welches nicht ganz zur Unzeit angestellt ist, die täuschende Empfindung einer angenehmen Leere und des Besserbefindens verspürt wird, welches so leicht zur Wiederhohlung desselben verleiten kann. Hauptsächlich wenn eine falsche Vollblütigkeit die Veranlaſsung war.

Noch schädlicher ist ein Blutverlust für Kranke welche arm an Blut, schwächlich und abgezehrt sind. Auch Kinder und bejahrte Personen vertragen die Blutausleerungen nicht, es sey denn, daſs die Natur der Krankheit solche dringend nöthig machte. Noch weniger faulichte Krankheiten, oder solche welche von Unreinigkeiten in den ersten Wegen entstehen.

Es giebt freylich Fälle, daſs diese Krankheiten mit einer würklichen Vollblütigkeit, und mit Entzündungszufällen verbunden sind, allein solche

Ausnahmen erfordern immer Erfahrung und einen richtigen Scharfblick, um die Scheinzufälle zu unterscheiden, und die Ausleerung darf immer nur mit äusserster Vorsicht, und mit karger Hand angestellt werden. Fette Personen leiden ebenfalls mehr von einem Blutverluste als magre, und Männer weniger als Frauen.

An manchen Orten ist das Vorurtheil herrschend, dafs man während der Schwangerschaft, zu gewissen Zeiten eine Blutausleerung machen müsse. Im allgemeinen ist es schwer darüber etwas festzusetzen. Ein Aderlafs ist oft ein wichtiges Hülfsmittel, um den glücklichen Fortgang der Schwangerschaft zu befördern, und Mifsfälle zu verhüten; dagegen aber kann es aufs Geradewohl und ohne besondere Ursachen gebraucht, den Grund zu einer Kränklichkeit legen, welche während der ganzen Schwangerschaft und dem Wochenbette noch nachhängt.

Auch bey anscheinend leblosen Personen, zumal bey Ertrunkenen, wird diese Ausleerung viel zu allgemein, und nach unrichtigen Begriffen von dem Zustande solcher Verunglückten angewendet. Dies ist eine Ursache mit, dafs sie so äusserst selten wieder zum Leben gebracht werden. Man sollte Ertrunkenen nie zur Ader
lassen

laſſen, wenn nicht beſondre Umſtände es erfordern (*Arnem* Bibl. I. B. 2. St. S. 200.).

Die Erregung eines Blutfluſſes iſt in manchen Krankheiten ſehr heilſam, und die Natur zeigt ſelbſt dieſen Weg, um einer Vollblütigkeit vorzubeugen, und das natürliche Gleichgewicht des Körpers wieder herzuſtellen. Dieſe Fälle ſind 1) bey einer wahren Vollblütigkeit, 2) in Entzündungskrankheiten und einer entzündlichen Beſchaffenheit der Säfte, oder um die Entzündung zu verhüten; ausgenommen wenn man voraus ſieht, daſs eine ſtarke Eiterung folgen wird. 3) gegen Anhäufungen des Bluts in einzelnen Theilen, und 4) wenn Blutflüſſe unterdrückt ſind. Eine Blutausleerung hat einen ausgebreiteten Nutzen. Sie leert das Syſtem der Blutgefäſſe aus, und vermindert die Kraft des Herzens und der Schlagadern. Zugleich bewirkt ſie eine Ableitung.

Die Würkung der Blutausleerung, iſt nach allen Erfahrungen am ſichtbarſten, je näher ſie an der leidenden Stelle angeſtellt werden kann, oder das geöffnete Gefäs ſelbſt damit in Verbindung ſteht. Zum Beweiſe dienen die örtlichen Blutausleerungen, welche oft augenblicklich hülfreich ſind. Demohngeachtet iſt in manchen Fällen die Ausleerung an einem

einem entfernten Theile der Localausleerung vorzuziehen, oder fie muſs vor der örtlichen Ausleerung vorhergehen. Zuweilen kommen auch befondre Umſtände hinzu welche leiten. Ueberhaupt aber iſt die Beſtimmung der Stelle und der Widerhohlung in individuellen Fällen fehr fchwer, und noch weniger feſtgeſetzt, als man erwarten follte.

Venae sectio.

Phlebotomia. Das Aderlaſſen, Blutlaſſen.

Bücking Anleitung zum Aderlaſſen 1781., mit Kupfertafeln.

Die Venaeſection iſt eine der älteſten chirurgiſchen Operationen. Am gewöhnlichſten wird ſie mit dem Schnepper verrichtet, feltener mit der Lancette, wiewohl diefes Inſtrument ungleich ſicherer und gewiſſer iſt.

Die vorzüglichſten Stellen ſind: am Halfe die Vena iugularis; am Arm die Vena baſilica, die Mediana und Cephalica; am Fuſſe die Vena Saphena interna oder externa. Die Wundärzte wählen gewöhnlich die V. Mediana am Arm, ihrer Dicke wegen; allein die Gefahr iſt an diefer Stelle immer gröſſer, weil leicht die Nervengeflechte,

welche

welche diese Ader umgeben, oder die Aponeurose des Musc. Biceps, oder die Arterie des Arms, welche darunter liegen, leicht verletzt werden können. Das Aderlaſs am Arm, erregt leichter eine Ohnmacht als an andern Stellen.

Ein Aderlaſs iſt allemahl nur ein Palliativmittel. Es hebt die Beſchwerden der Vollblütigkeit nur für dasmahl, allein nicht auf immer, und verhindert auch nicht daſs ſie wieder entſtehen. Die beſondern Anzeigen daſs ſie nothwendig iſt, ſind: 1) ein *voller*, *geſpannter* und *harter Puls*; allein dagegen giebt es wichtige Ausnahmen. In manchen Krankheiten iſt der Puls ſchwach und klein, und die Indication zum Blutlaſſen ſehr dringend; hingegen kann der Puls hart und geſpannt ſeyn, und man darf doch nicht zur Ader laſſen: Die Natur der Krankheit und die epidemiſche Conſtitution muſs allemahl am meiſten leiten. 2) *widernatürliche Wallung, vermehrte Hize und ſtarke Röthe des Körpers*. Auch dieſe Fälle erfordern ebenfalls Einſchränkung; man muſs hauptſächlich die falſche Vollblütigkeit unterſcheiden.

Ein ſtarkes Aderlaſs auf einmahl, iſt viel würkſamer als mehrere kleine; zuweilen nehmen nach dem erſten Aderlaſs die Zufälle zu, und dies

dies ift oft ein Beweis, dafs eine Wiederhohlung nöthig ift.

Die Menge des wegzulaſſenden Blůts, kann man im allgemeinen nicht abſolut beſtimmen. Hier müſſen die Umſtände und beſonders der Puls Leitung geben. Es wird eine Menge erfordert, welche hinreichend iſt den vorhandenen Ueberfluſs zu vermindern, doch ſo, daſs die Kräfte dadurch nicht geſchwächt werden. Nach den Verſuchen welche *Hales* angeſtellt hat *(Haemaſtat. 1. B.)*, kann man den Schluſs machen, daſs bey einem Menſchen deſſen Körper 116 Pfund wiegt, ein Aderlaſs von ſechs Unzen und zwey Drachmen, die Lebenskräfte etwa um den zehnten Theil geſchwächt werden. Für einen jungen ſtarken Menſchen von zwanzig Jahren, iſt ein Aderlaſs von vier Unzen ein ſehr kleines, ein Aderlaſs von zwanzig Unzen ein ſehr ſtarkes Aderlaſs (*Hildebrand* philoſ. pharmacol. pag. 609.).

Man hat eigne Inſtrumente und Meſsgeſchirre erfunden, um die Menge des ausgefloſſenen Bluts darnach zu beſtimmen. (*Glaſer* Beſchreibung einer neu erfundenen Blutwaage und Meſsgeſchirrs). Dieſe Erfindung iſt in den wenigſten Fällen anwendbar, und man kann überhaupt ohnmöglich die erfor-

erforderliche Blutausleerung, nach dem Gewicht oder nach einem Maaſs angeben. Dies hängt von der Veränderung des Pulſes und der Beſchaffenheit des Bluts allein ab.

Die Meynung daſs man nach einem Aderlaſs ſich gelinde Bewegungen machen müſſe, daſs der Schlaf gleich darauf ſehr gefährlich ſey, und ähnl. gehört unter die Vorurtheile.

ARTERIOTOMIA.
Die Schlagaderöffnung.

Die Oeffnung einer Schlagader, iſt mit mehr Mühe als ein Aderlaſs, und mit einer gewiſſen Gefahr verbunden. Die einzige Schlagader welche man dazu wählt, iſt die Art. Temporalis. *Martin* empfahl in gefährlichen Krankheiten der Bruſt, auch die Oeffnung der Art. radicea (Traité de la phlebotomie & de l'arteriotomie).

Man gebraucht dieſe Art von Blutausleerung hauptſächlich in gefährlichen Krankheiten des Kopfs um eine ſchnellere Ausleerung zu verſchaffen. Gegen heftige Augenentzündungen (*Ware*); den ſchwarzen Staar, in Entzündungen des Gehirns, hartnäckigen Kopfſchmerzen u. a.

Die Operation ist mit keiner Gefahr verbunden. In allen Fällen wo sie indicirt ist, ist die Schlagader gemeiniglich von Blut stärker ausgedehnt, und man befördert den Blutfluss, wen man die Arterie oberhalb der Oeffnung zusammendruckt. Die Ausleerung ist immer hinreichend stark, wenn man nur den Stamm der Arterie trifft.

Zuweilen ist die Blutung sehr beträchtlich aus diesen Gefässen. Man kann sie leicht stillen, wenn man eine kleine Kugel von Charpie mit Heftpflaster anlegt; oder noch bequemer vermittelst des Compressorium von *Butter*. Im Fall der Noth kann man die Arterie ganz durchschneiden, und die Blutung hört von selbst auf. *Schmucker* (Wahrnehm. 1 Theil), beschreibt ein paar Fälle, wo in dem einen die Narbe am 27. und in dem andern am 15. Tage nach der Operation durch ein starkes Niesen wieder auffsprang.

SCARIFICATIO.
Das Scarificiren.

Eine örtliche Blutausleerung welche durch kleine Einschnitte in die Haut und Muskeln gemacht wird. Sie vertritt zuweilen die Stelle des Aderlassens, in Fällen wo man keine allgemeine Blut-

Blutausleerung machen darf, oder an Theilen wo
man sie nicht anstellen kann.

Man bedient sich ihrer hauptsächlich im kalten Brande; bey vergifteten Wunden, dem tollen Hundsbiſs; in Entzündungen der Zunge, der Mandeln, der Augenlieder, der Conjunctiva (*Wilmer Cases in Surgery*); zuweilen auch zur Ausleerung wäsrichter Feuchtigkeiten, bey oedematösen Füſsen.

So wie die Wunde heilt, werden die Schnitte immer kleiner.

CVCVRBITVLAE APPLICATIO.
Das Schröpfen.

Diese Operation ist von dem Scarificiren blos darinn verschieden, daſs mehrere Einschnitte auf einmahl mit einem eigenen Instrument gemacht werden. Die Ausleerung läſst man durch Schröpfköpfe unterhalten. Man unterscheidet das blutige Schröpfen, und das trockne (Scarificatio sicca).

Das blutige Schröpfen kann statt der Blutaderöffnung gebraucht werden, wenn keine sehr starke Blutverminderung erforderlich ist; hauptsächlich 1) um das Blut aus den kleinen Gefäſsen auszuleeren, wohin das Aderlaſs nicht reichen kann; daher bey heftigen

heftigen Augenentzündungen, dem Eiterauge; in apoplektifchen Zufällen. Zuweilen auch um Blutausleerungen zu unterhalten. 2) um eine flüffige Materie welche im Zellgewebe flockt wegzubringen. 3) um zu deriviren.

Die Anzahl der Schröpfköpfe richtet fich nach der Befchaffenheit der Krankheit und der Abficht. Als ein Mittel zur örtlichen Blutausleerung, verdienen doch die Blutigel den Vorzug.

Die trocknen Schröpfköpfe werden blos als Reizmittel angewendet, und leiften das was Rubefacientia thun. Sie find in neuern Zeiten durch die flüchtige Salbe und die Blafenpflafter größtentheils verdrängt.

HIRVDO.

Sanguifuga, Badella, (Hirudo medicinalis L.).
Blutigel. In Sümpfen, Gräben und Teichen.
Schmucker hiftorifch praktifche Abhandlung über den Gebrauch der Blutigel in f. verm. Schriften. 1 Theil. Bach vom Nutzen der Blutigel in der Medicin. 1789.

Die Anwendung der Blutigel in der Medicin ift fehr alt. (*Galen* de Hirudinibus). Man kann nicht eine jede Art gebrauchen: der ächte Blutigel, der Aderlaffer, hat einen platten und fchleimichten

Körper, einen fpitzen dünnen Kopf, und auf dem Rücken an jeder Seite vier Streifen. Die erften beyden find gelbroth, die beyden andern ebenfalls, und dabey mit fchwarzen Puncten befetzt. Der dritte Streif ift fchwarz, und der vierte gelb. Bey einigen Gattungen ift der dritte Streif getheilt. Der Bauch ift fchwarz mit gelben Flecken marmorirt.

Man fammlet fie am beften an warmen Sommertagen aus einem reinen fandichten Waffer. Sie können Jahre lang ohne alle Nahrung aufbewahrt werden, wenn man ihnen öfters frifches Waffer giebt. Wenn fie fich häuten, find fie nicht leicht zum Saugen zu bringen.

Das Anfetzen der Blutigel ift oft mit vielen Befchwerlichkeiten verbunden. Man kann das Anfaugen erleichtern, wenn man den Theil vorher mit etwas Milch, Speichel, oder einem Tropfen Blut beftreicht, auch ihn bis zur gelinden Röthe reibt. Die Stelle mufs auch gehörig rein, und nicht mit Haaren bewachfen feyn. Am beften und gefchwindeften applicirt man fie vermittelft einer kleinen Röhre. *Löffler* (Beyträge zur Wundarzneik, 1. B.). empfiehlt dazu ein Kartenblatt. Man befeuchtet es innwendig mit Waffer, legt den Blutigel hinein, und rollt es alsdenn fo ftark zufammen,

men, als es die Dicke des Blutigels erlaubt, und biegt das eine Ende des Cylinders um. Das offne Ende wo der Kopf ist, setzt man an den Ort wo er ansaugen soll, und dies geschicht gemeiniglich sehr bald. *Bach* gebraucht eine Röhre aus Schilf. *Löffler* einen knöchernen Cylinder statt des Kartenblatts. *Schmucker* setzte durch eine kleine Röhre Blutigel ans Zahnfleisch.

Man kann die Blutausleerung noch befördern, wenn man während dem Saugen ein Stück von dem hintern Theil des Blutigels mit der Scheere abschneidet: das Blut fliefst dann durch den Blutigel wieder ab, ohne dafs er sich im Saugen stören läfst. Auf die Art kann man auch die Menge und die Beschaffenheit des Bluts bestimmen, wenn man es in ein Gefäs laufen läfst.

Wenn der Blutigel hinreichend gesättigt ist, so fällt er von selbst ab, sonst kann man durch ein wenig Salz, Schnupftobak oder Asche das Abfallen befördern. Die Stellen wo sie gesogen haben, bluten gemeiniglich noch lange nachher. Man befördert die Blutung am meisten durch warme Bähungen. Einige setzen einen Schröpfkopf auf die Stellen; dieser vermehrt zwar die Blutung, allein er stillt sie auch bald. Die Wunde ist dreyeckt,

und

und die erſten Tage gemeiniglich von Blut unterlaufen.

Die Blutigel können in allen Fällen benutzt werden, wo das Aderlaſs zweckmäſſig iſt; um ſo mehr da ſie ſo nahe an dem leidenden Theil angebracht werden können. Sie reizen weniger als das Schröpfen. Man gebraucht ſie 1) in *Entzündungszufällen* aller Art. *Schmucker* lieſs ſie in heftigen Augenentzündungen ſelbſt an die Augenlieder ſetzen. Gegen heftige Kopfſchmerzen und Schwindel von Congeſtion des Bluts; in der entzündlichen Bräune. In Haemorrhoidalzufällen; Verſtopfung der monatlichen Reinigung. Gegen Entzündungszufälle von Gicht und Rheumatiſmen; dem Panaritium *(Schmucker)* ſelbſt in Krebsgeſchwüren 2) bey Kindern ſind ſie das ſicherſte Mittel um Blut auszuleeren. Im Keichhuſten, Scharlachfieber, Maſern, während dem Zahnen wenn es mit einem ſtarken Fieber verbunden iſt. In der Phimoſis u. a.

Zweyte Klasse.
Blutstillende Mittel; *Haemostatica.*

Eine entstandene Blutung kann auf eine zweifache Art gestillt werden: entweder durch Arzneimittel, welche eine Zusammenziehung und ein Gerinnen in den festen und flüssigen Theilen hervorbringen, (Styptica): oder durch mechanische Mittel, welche durch ihren Druck die Oeffnung der Gefässe verschliessen.

Die Styptischen Arzneimittel gehören überhaupt genommen in die Klasse der adstringirenden Substanzen. Sie sind aber von den eigentlichen, blos adstringirenden Mitteln darinn verschieden, daſs sie die thierischen Säfte zum Gerinnen bringen; jene hingegen vermehren den Zusammenhang der festen Theile durch eine stärkre Zusammenziehung und Verdichtung, gewissermassen durch das Einschrumpfen derselben.

Die Anwendung dieser Klasse von Arzneimitteln zur Stillung der Blutungen ist sehr unsicher und unzureichend, wenn der Ausfluſs nur irgend

beträcht-

beträchtlich ift. Dann verdienen die mechanifchen Mittel vor allen andern den Vorzug. In leichten Fällen können fie zwar benutzt werden, allein auch dann hat der mechanifche Druck doch immer an der Stillung derfelben vielen Antheil.

Die Urfachen der Blutergieffungen, fie mögen überhaupt widernatürlich, oder blos ungewöhnlich verftärkt feyn, find fehr verfchieden. Eine der gewöhnlichften ift die Vollblütigkeit, die wahre fowohl als die falfche; ferner Schwäche einzelner Theile, wodurch Congeftionen des Bluts, und ein unregelmäfsiger Kreislauf um fo leichter veranlafst werden; Verwundungen und Verletzungen der Blutgefäffe. Nach Verfchiedenheit der Theile unterfcheidet man auffer den äufferlichen Wunden, welche an allen Theilen entftehen können, das Nafenbluten, das Blutfpeien, (Bluthuften); das Blutbrechen (Blutfturz); den Goldaderflufs, den Gebärmutterblutflufs, das Blutharnen.

I. Styptische Mittel.

VITRIOLVM CAERVLEVM.

Vitriolum Cyprium, Cuprum Vitriolatum Der blaue Vitriol, Kupfervitriol.

Der blaue Vitriol ist von allen Vitriolarten am äzendsten, und man gebrauchte ihn vor der Entdeckung des Agaricus zur Stillung des Bluts. Diese Anwendung ist mit Recht ausser Gebrauch gekommen. Er löst sich in den Säften auf, und zerfliesst dann in der ganzen Wunde. Zugleich reizt er die Nerven und Muskelfasern, und erregt heftige Zufälle, und wenn sich die Cruste ablöst, entsteht die Blutung leicht aufs neue.

PRAEPARAT.

Aqua Styptica, aus blauem Vitriol, Alaun und Wasser: das Styptische Vitriolwasser. *Sydenham* empfahl diese Verbindung zur Stillung heftiger Blutungen aus der Nase, mittelst einer zusammengerollten Compresse angebracht. Eine concentrirte Auflösung von weissem Vitriol oder Alaun, ersetzt die Stelle desselben.

ALVMEN

ALVMEN.

Der Alaun. (1 Theil. S. 211.).

Ries von den Eigenfchaften und Zubereitungen des Alauns. 1790.

Ein ftyptifches Mittelfalz aus Alaunerde mit Vitriolfäure überfättigt. *Helvetius* (pertes de Sang) empfahl ihn als eins der vorzüglichften Mittel gegen Blutungen aller Art. Indeffen wird er doch nur in Blutungen aus der Nafe, oder in Blutungen der Zähne und des Mundes angewendet. Ungleich häufiger dagegen als ein zufammenziehendes und ftärkendes Mittel. Man applicirt ihn in *Pulver* auf Leinen welches vorher befeuchtet worden; oder in *Solution* zur Verftärkung andrer adftringirender Mittel.

Die mineralifchen Säuren; wenn fie gehörig verdünnt werden, find ebenfalls ftyptifch, und können im Nothfall als blutftillende Mittel gebraucht werden. Sie find doch nicht fo paffend als der Alaun, weil fie bey empfindlichen Perfonen leicht eine äzende, beizende Würkung haben.

SPIRITVS VINI.

Der Weingeift.

Der fehr rectificirte Weingeift, Alcohol, ift nicht fo ftark blutftillend als der fchwächere, weil er zu schnell verfliegt. Die schwächern Arten, z. B. der Brandtwein, werden nur bey leichten Blutungen, oder während chirurgischer Operationen angewendet. Er zieht die festen Theile zusammen und macht sie hart.

AQVA TRAVMATICA THEDENII.

Liquor vulnerarius Thedenii. Thedens Schufswasser, Arquebusade.

Thedens neue Bemerkungen und Erfahrungen zur Bereicherung der Wundarzneikunst und Arzneigelahrtheit. 1. *Theil. S.* 28.

Ein bekanntes Mittel zur Stillung leichter Blutungen. Es besteht aus gleichen Theilen Essig und Weingeist mit Vitriolgeist und Zucker verbunden. Es reizt die Gefässe, und bewürkt, dafs sich diese zusammenziehen.

Das *Bellostesche* Wasser (Liquor Bellostii) und das *Rabelsche* Wasser, find ähnliche Zubereitungen.

ACETVM VINI.

Der Weinessig, oder der concentrirte Essig besitzt ebenfalls eine Blutstillende Kraft. Man benutzt ihn erwärmt gegen Blutungen aus dem Munde nach einem ausgerissenen Zahn, zur Stillung des Nasenblutens, und bey leichten Wunden.

Die

Die Kälte, kaltes Waſſer, Schnee, Eis, auf eine Wunde gelegt, verdickt das Blut und hemmt den Fluſs deſſelben. Von jeher ſind dieſe Mittel nach Anleitung der Natur angewendet, und ſelbſt bey innerlichen Blutungen erleichtern ſie die Heilung derſelben.

Das Kauteriſiren durch Brenninſtrumente, wird im Nothfall auch zur Stillung des Blutfluſſes gebraucht, wenn man andre Mittel nicht anbringen kann. *Warner* ſtillte dadurch einen Blutſturz aus dem Gaumen. Bey Polypen welche oft bluten; der Froſchgeſchwulſt u. a.

II. Mechaniſche Mittel.

Das Tovrniqvet.

W. Blizard von der Lage der groſſen Blutgefäſſe an den Extremitäten und dem Gebrauch des Tourniquets. 1786.

Bey groſſen Blutungen iſt das Tourniquet zur Stillung derſelben das Hauptmittel. Die Zeit der Erfindung fällt zwiſchen die Jahre 1670 bis 1680. Wahrſcheinlich war *Morell* der Erfinder, bey der Belagerung von Beſançon im Jahr 1674,

Das erfte Morellifche Tourniquet ift fehr einfach. Es comprimirt alle Blutgefäffe und Nerven gleichmäffig, daher ift es bey Amputationen, wo man das ganze Glied unempfindlich machen will, und wenn der Kranke kein Blut verlieren darf, fehr zweckmäffig. Im Fall der Noth kann man es leicht ex tempore machen.

Es befteht aus vier Stücken: 1) ein anderthalb Ellen langes und etwa einen Zoll breites feft gewebtes ftarkes Band. 2) eine Compreffe, oder ein ledernes mit Wolle oder Pferdehaaren feft ausgeftopftes Küffen, ohngefähr von zwey bis drey Zoll Länge, und einen Zoll Breite und Dicke: auf der einen Seite mufs es einen ledernen Henkel haben, damit man das Band durchftecken kann. 3) ein Stück dickes Leder, welches drey Zoll lang, und zwey Zoll breit feyn mufs, und mit zwey von einander einen Zoll abftehenden Löchern verfehen, wodurch man die Enden des Bandes ftecken kann. 4) ein hölzerner glatter Knebel der rund gedrechfelt und etwa vier Zoll lang ift.

Die Anlage diefes Tourniquets ift etwas unbequem, und erfordert zwey Hände, die man nicht allemahl haben kann, deswegen kann fich auch Niemand das Tourniquet an feinem eignen Arm

Arm anlegen. Der Knebel muſs mit der Hand
feſtgehalten werden, weil das zuſammengedrehte
Band ſonſt wieder locker wird und auffspringt.

Man kann die Befeſtigung des Knebels bewerkſtelligen, ohne ihn beſtändig halten zu müſſen, wenn man an das Leder ein Band befeſtiget, und damit den Knebel feſtbindet; oder man kann an dem gewöhnlichen Bande, nach den Enden zu wo die Schleife gemacht wird, ein kürzeres und ſchmaleres Band befeſtigen, und damit, nachdem das Band zuſammengedreht iſt, den Knebel feſtbinden. *Lobſtein* hat dies Tourniquet verbeſſert, und es dadurch zu einem Feldtourniquet bequemer gemacht, allein die Anlage iſt doch umſtändlicher, und erfordert eine längre Zeit als die oben angeführte. (Neue Sammlung der auserleſenſten und neueſten Abhandl. für Wundärzte. 18. St. S. 7.).

Eine zweyte Art des Tourniquets iſt das *Petitſche* (Petit in Mem. de l'acad. des Sc. A. 1731) dies iſt ungleich künſtlicher und wegen der Schraube viel bequemer. Allein es hat die Unvollkommenheit, daſs dadurch nur an zwey Stellen eine Compreſſion bewürkt werden kann, und der Kranke kann ſich dabey aus den Nebenäſten und den Anaſtomoſen todt bluten.

An diesem Instrument haben *Garengeot, Motand* u. a. gebessert; unter allen ist die zweckmäßigste und beste Verbesserung von einem englischen Wundarzt *Freeke* gemacht, und man nennt es daher gewöhnlich nach seinem Namen das Freekſche Tourniquet. Dieses Instrument ist sehr bequem: man gebraucht bey der Anlage nur eine Hand, und wenn es einmahl befestigt ist, kann man es sicher sich selbst überlassen.

Man kann das Tourniquet nur an zwey Stellen anlegen, am Arm und am Schenkel. Es ist nur ein Palliativmittel, um Zeit zu gewinnen, damit man den gehörigen Verband anlegen kann. Läſst man es zu lange liegen, so kann der Theil dadurch brandicht werden und absterben.

LIGATURA.
Die Ligatur.

Aikin Essay on the Ligature of Arteries. Lond. 1770.

Man macht die Ligatur mit Nadel und Faden. *Ambrosius Paraeus* ist der erste welcher die Ligatur gebrauchte. (Oper. T. II.). Er faſste die Arterie mit der *Pincette* und legte die Ligatur um.

In der Folge erfand Mr. *Patin* die Arterienzange, *(Valet à Patin)*, um damit die Arterie her-

hervorzuziehen, und er unterband die Arterie mit den nahgelegenen Muskelfaserngefäſſen und Nerven zugleich. *Schmucker* hat das Inſtrument verbeſſert (verm. Schrift. 1. Th S. 83.). Dieſe Methode iſt in neuern Zeiten mit Recht ganz verworfen. Sie iſt ſehr ſchmerzhaft und dabey unſicher.

Wenn man von der Ligatur Gebrauch machen will, ſo muſs das Blutgefäſs nur allein unterbunden werden, ohne die nahgelegenen Theile. *Warner* iſt der erſte welcher dieſes that, und nach ihm hat *Sharp* vieles zur Beförderung dieſer Methode beygetragen. *Bromfield* erfand einen Hacken (das Tenaculum) um die Operation zu erleichtern, woran *Bell* neuerlich eine kleine Verbeſſerung angebracht hat. Wenn die Gefäſſe klein ſind, muſs man doch die Pincette zu Hülfe nehmen.

AGARICVS.

Boletus igniarius *L.* Der Eichenſchwamm, Zunder.
auf alten Eichen, Büchen, Tannen u. m.

Der beſte Agaricus wird von alten Eichen im Sommer geſammlet, und zubereitet. *Broſſard* empfahl ihn zuerſt als ein Mittel, welches auſſerordentliche Kräfte beſäſſe Blutungen zu ſtillen. (Mem. de l'acad. de Chirurgie 1750).

Er muſs von ſeiner äuſſern holzichten Rinde gereinigt, und mit einem Hammer ſo lange geklopft werden, bis er weich wird, und ſich mit den Fingern wie Wolle ziehen läſst (agaricus praeparatus). Dann kann er die Stelle der Charpie vertreten.

Seine Würkungen als ein Blutſtillendes Mittel, ſchränken ſich blos auf den Grad des Drucks ein, womit er angebracht wird. Ohne Compreſſion iſt er ganz unwirkſam. Nimmt man ein zu dickes Stück, ſo verliert ſich der Druck zu ſehr. Die Stelle wo man ihn auflegt, muſs nicht zu blutig ſeyn, ſonſt klebt er nicht.

Der Seeſchwamm (Spongia marina) kann auf ähnliche Art gebraucht werden, als der Agaricus: Man nimmt blos den weichen ſaferichten Theil.

In dieſe Klaſſe gehört auch der Tampon, die Anwendung der Champiekugeln u. ähnl., welche blos durch den Druck, und den Verband womit, ſie angelegt werden, würkſam ſind.

Dritte

Dritte Klaſſe.
Zuſammenziehende, adſtringirende Mittel.

Es iſt ſchwer zu erklären, auf welche Art eigentlich die Würkung der zuſammenziehenden Mittel, auf die feſten Theile des thieriſchen Körpers geſchieht.

Der adſtringirende Stoff beſtehet in einer Art von Säure, welche ſich mit Laugenſalzen und Erden zu einem Mittelſalze verbindet, und auch davon wieder abſcheiden läſst. Durch ungelöſchten Kalk kann es ganz zerſtört werden. (*Hahnemann*). Es iſt ſehr wahrſcheinlich, daſs im allgemeinen die zuſammenziehenden Mittel aus einer Verbindung von einer Säure und Erde beſtehen. Dies beweiſt der herbe Geſchmak mancher Subſtanzen und die Erzeugung des Alauns ſehr deutlich. Indeſſen giebt es doch einzelne Ausnahmen.

Wenn dieſe Subſtanzen an den thieriſchen Körper gebracht werden, ſo verurſachen ſie ein Zuſammenſchrumpfen und eine Verdichtung in den

feſten

feſten Theilen. Dieſe Würkung erfolgt in lebenden Theilen ſowohl als in todten.

Sie ſind daher ſehr kräftige Mittel: I. in allen Krankheiten wo eine Schwäche, oder Atonie in irgend einem Theile entſtanden, oder nach andern Zufällen nachgeblieben iſt. Hauptſächlich gegen *Vorfälle* (Prolapſus), wenn Schwäche halber Theile aus ihrer Lage gewichen ſind, ſelbſt gegen Brüche; bey einer Erſchlaffung nach Verrenkungen, oder nach Entzündungen; und zuweilen um Entzündungen vorzubeugen. II. Zur Stillung widernatürlicher Ausleerungen. Bey ſtark eiternden Wunden und Geſchwüren. Dieſe Würkung mag entweder in der Zuſammenziehung beruhen, oder wie *Cullen* behauptet durch die Wiederherſtellung der Spannkraft, welche zur Erzeugung eines guten Eiters nothwendig iſt. Zu Injectionen gegen den weißen Fluſs, gegen langwierige Durchfälle, Blutflüſſe, Haemorrhoidalzufälle, hauptſächlich gegen die haemorrhoidaliſche Schleimausleerung. Auch im Nachtripper und andern Ausleerungen aus der Harnröhre ohne Entzündung. Gegen den feuchten Brand ſind ſie ſehr würkſam. III. zur Zertheilung wäſrichter Geſchwulſte, und ſeröſer Congeſtionen. Gegen Blutgeſchwulſte, wahre Pulsaderbrüche, ſind ſie weniger hülfreich.

Ihre

Ihre Anwendung aber ist überhaupt nachtheilig, wenn mit diesen Zufällen eine starke Entzündung verbunden ist, oder wenn in Wunden welche der Erfahrung zufolge eitern müssen, diese Ausleerung dadurch unterdrückt werden kann.

Die adstringirenden Gewächse enthalten wenige oder fast gar keine flüchtigen und riechbaren Theile. Selbst auch dann wenn diese Theile verflogen sind, bleibt der adstringirende Bestandtheil zurück, und sie theilen ihre Kräfte den wäsrichten oder geistigen Auflösungsmitteln leicht mit.

AQVA COMMVNIS FRIGIDA.
Das kalte Wasser.

Dauter von dem äusserlichen örtlichen Gebrauch des kalten Wassers in verschiedenen Krankheiten. Leipzig 1784. Ferro vom Gebrauch der kalten Bäder. Wien 1790. Willemet de frigoris vsu medico. Nanceji 1783.

Das kalte Wasser ist eins der würksamsten zusammenziehenden Mittel. Es stärkt die erschlafften Theile, zieht die Gefässe und die Muskelfibern zusammen, und nimmt die widernatürliche Wärme in sich. Nach der verschiedenen Anwendung, und dem Grade der Kälte ist diese Würkung stärker oder schwächer.

Der

Der Gebrauch des kalten Waſſers iſt ſehr ausgebreitet: am allgemeinſten geſchieht die Anwendung bey dem Baden.

Von den älteſten Zeiten her ward das kalte Baden als eins der wichtigſten Mittel, zur Heilung der Krankheiten angeſehen, welche von einer widernatürlichen Schwäche oder kränklichen Reizbarkeit des Körpers herrühren, oder damit vergeſellſchaftet ſind. In neuern Zeiten behandelt man das Baden gröſstentheils als eine Mode.

Bey dem Baden ſind mehrere Eigenſchaften des Waſſers zuſammen vereinigt, die Kälte, der Druck und die Erſchütterung. Vermöge dieſer Würkungen verbreitet ſich der groſse Nutzen deſſelben über den ganzen Körper. Es vermehrt die Stärke der feſten Theile, verlöſcht die kränkliche Reizbarkeit der Muſkelfibern, und die gröſre Beweglichkeit der Nerven. Die trockne Hize und Wallung im Körper wird davon eingeſogen. Auch auf das Syſtem der Blutgefäſſe hat es Einfluſs, theils in ſo ferne es den Umlauf des Bluts verſtärkt, theils auch daſs eine gewiſſe Menge von Feuchtigkeiten dadurch in den Körper gebracht werden. Auſſerdem reinigt das Waſſer die Haut von den fetten und klebenden Ausdünſtungen, öffnet die Hautgefäſſe und

und befördert in der Folge felbſt die Ausdünſtung.

Wenn das Baden bekommen ſoll, ſo muſs man ſich nach und nach daran gewöhnen, und mit dem Grade der Kälte ſteigen. Dies iſt beſonders für Empfindliche und furchtſame Perſonen wichtig. Auch die Zeit muſs gehörig ausgewählt werden. Die Dauer des Badens beſtimmt die Natur ſelbſt am allerrichtigſten. So bald während dem Baden die Empfindung eines Schauders und einer Kälte eintritt, welches nach einer kürzern oder längern Zeit allemahl geſchieht, muſs man damit aufhören, und dies iſt der Termin den man nicht überſchreiten darf. Bey Fehlern der Bruſt, hauptſächlich bey einer Anlage zum Blutſpeien muſs man ſehr behutſam damit ſeyn.

Noch vorzüglicher iſt das Baden in der See oder in eiſenhaltigen Mineralwaſſern. In neuern Zeiten hat man die Eiſengranulirbäder, dergleichen das zu Gittelde iſt, vorgeſchlagen; oder man läſst adſtringirende Gewächſe mit Waſſer abkochen, und unter das Badewaſſer miſchen.

Statt der gewöhnlichen Anwendung, daſs man ins Bad ſteigt, kann man das Waſſer auch durch

ein

ein Sieb herabfallen, und so den Körper beregnen lassen. Diese Methode ist vorzüglicher als die gewöhnliche, wenn der Trieb des Bluts nach dem Kopfe widernatürlich stark ist, und die Congestion durch das Baden vermehrt wird. Man kann eine Einrichtung dazu leicht machen.

Beynahe noch häufiger gebraucht man in Krankheiten das kalte Wasser als ein topisches Bad. 1) als ein *örtliches, stärkendes Mittel*: daher in Krankheiten des Kopfs; bey Erschütterungen des Gehirns, Entzündungen des Gehirns oder dessen Häute. In Schlagflüssen, Schwindel, Schlafsuchten, Schwäche des Gedächtnisses, der Tobsucht (*Theden, Hirschel*). Gegen die Congestionen nach dem Kopf in faulichten Krankheiten *(Bang)*. In Augenentzündungen. Man kann den Grad der Kälte noch verstärken, wenn man gleiche Theile Salmiak, Salpeter, und Glaubersalz mit etwas verdünnter Vitriolsäure zu dem Wasser mischt, (*Crell* chem. Annalen v. J. 1787. S. 332), oder nach Art der *Schmuckerschen* kalten Umschläge, mit dem Wasser Weinessig, Salmiak und Salpeter verbindet, und den Mangel von Schnee und Eis dadurch ersetzen.

In Fehlern der Bruſt, beſonders um die örtliche Schwäche der Lungen zu verbeſſern, welche zu Lungenſuchten diſponirt, und gegen die habituelle Neigung zu Katarrhen, iſt das Waſchen der Bruſt mit kaltem Waſſer eins der vorzüglichſten Mittel. Man muſs nur behutſam und allmählig von den gelinden Graden der Kälte zu den ſtärkern fortgehen. Auf einmahl geht es nicht.

Gegen eingeklemmte Brüche. *Belloſte* war einer der erſten, welcher mit Eis und Schnee eingeklemmte Brüche behandlete. Hauptſächlich würkſam iſt es, wenn die Ausdehnung durch Luft geſchieht. (*Le Blanc, Richter*). Auch in inflammatoriſchen Einklemmungen nach vorhergängigem Aderlaſs. Gegen den Meteoriſmus in faulichten Krankheiten ſind Umſchläge von kaltem Waſſer beynahe das einzige Rettungsmittel.

Cotunni glaubte, daſs das Waſchen mit kaltem Waſſer die Blattern von dieſen Theilen abhalte, und empfiehlt daher, um die Augen, das Geſicht und die Bruſt vor den Blattern zu bewahren, daſs man während dem Ausbruch dieſe Theile oft mit Waſſer benetzen ſoll. Wirkſamer iſt das kalte Waſſer in faulichten Blattern als ein excitirendes und ſtärkendes Mittel.

a Th.　　　　　C　　　　2) Zur

2) Zur Stillung leichter Blutungen: Gegen das Nasenbluten an die Stirne angebracht, beym Blutspeien innerlich sowohl als äusserlich. In Mutterblutflüssen u. a. 3) Gegen äussre Entzündungen; in leichten Augenentzündungen. Zur Wiederherstellung erfrorner Theile, gegen Frostbeulen, auch gegen Verbrennungen; entzündeten und schmerzhaften Haemorrhoiden und ähnl. *Theden* (neue Bemerkungen 1 Theil. S. 132), hat einen sehr merkwürdigen Fall, wo es in einer heftigen Entzündung des Fusses nach abgeschnittenen Leichdörnern angewendet wurde.

Zur Zertheilung kalter Geschwulste, der Quetschungen u. a. ist es ebenfalls würksam, doch wird es selten allein dagegen benutzt. 4) um abzukühlen in fieberhaften Krankheiten. Man läst die Hände in kaltes Wasser halten, und kühlt damit die brennende trockne Hize des Gesichts.

Das *Tropfbad* oder *Sprüzbad*, eine Species des örtlichen Bades, würkt in einem noch stärkern Grade, und vorzüglich als ein zertheilendes Mittel. Vom dem diaetetischen Gebrauch des kalten Wassers im ersten Theil S. 67.

CORTEX

A. Aus dem Pflanzenreich.
CORTEX QVERCVS.

Cortex, Folia, Glandes Quercus. (Quercus Robur *L.*).
Eichenrinde, Eicheln.

Die Eichenrinde ist das stärkste zusammenziehende Mittel aus dem Pflanzenreich; dies beweist die Anwendung derselben in der Lohgerberei. Man gebraucht sie äusserlich zu zusammenziehenden Umschlägen und Bähungen, selbst innerlich hat man Versuche damit angestellt.

Die französischen Aerzte empfahlen die Umschläge aus Eichenrinde zur radicalen Heilung der Leistenbrüche, besonders bey Kindern. *Van Gesscher* benutzte sie um die Schwäche und Erschlaffung, welche nach manchen Operationen zurückbleibt, zu heben, und war damit sehr glücklich. *Cullen* gebrauchte das Decoct der Rinde als Gurgelwasser gegen die Verlängerung des Zapfens von Verkältung, und gegen den bösen Hals von geschwollenen Mandeln. In bösartigen Geschwüren und Knochengeschwüren äusserlich als Verband und innerlich (*Henning*). Gegen veraltete oedematöse Geschwüre an den Beinen (*Plenk*). Sie ist auch fäulniswidrig.

Die Eichenblätter (Folia Quercus) sind ebenfalls zusammenziehend, und wurden zu stärkenden und zufammenziehenden Umfchlägen, Injectionen, Gurgelwaffern u. a. vormals häufiger gebraucht als jetzt.

Die Eicheln (Glandes) haben einen fehr herben, bittern und zufammenziehenden Gefchmak. In einem noch beträchtlichern Grade ift es der Kelch worinn die Frucht fitzt. Man hat die Eicheln in neuen Zeiten als Gefundheitskaffe gebraucht, gegen viele langwierige Krankheiten empfohlen. (*Marx* Gefchichte der Eicheln 1788). Sie werden von ihrer Schaale befreyt, geröftet, und mit Waffer wie Kaffe gekocht. Durch das Röften wird der zufammenziehende Beftandtheil zwar etwas gemildert, allein fie werden dadurch empyreumatifch und erhizend; und wie es nicht anders feyn kann, in vielen Fällen nachtheilig. Die Lobeserhebungen welche man davon gemacht hat, find noch vielem Zweifel unterworfen. 1) *Gegen Verftopfungen der Drüfen und der Eingeweide*, follen fie faft fpecififch feyn; doch weiss ich felbft einen Fall wo fie nicht halfen, vielmehr der üblen Zufälle wegen ausgefetzt werden muften. 2) In *Fehlern der Verdauungswege*, Schwäche der Gedärme, Blähungen, hypochondrifche Befchwerden (*Weikard*). Gefenius empfand darnach vieles Ungemach, Beängftigung, Drücken im Unterleibe, Hartleibigkeit. 3) *gegen*

3) gegen Wechfelfieber, (*Auenbrugger*) 4) in der Gicht und Podagra.

Der Agaricus befitzt die eigenthümlichen Kräfte der Eiche nicht. (S. 25.).

GALLAE QVERCINAE.
Galläpfel. (Quercus Cerris *L*.). Die beften kommen aus der Levante.

Die Galläpfel entftehen am häufigften auf Eichen und Weiden. Sie find eine Excrefcenz, welche durch den Stich eines Infects erzeugt wird, deffen Brut fie zum Auffenthalt dient; fehr oft auch durch den Frühlingsfroft, welcher die jungen Knofpen an ihrer Entwickelung hindert (Journ. de Phyfique A. 1772). Sie find in einem hohen Grade adftringirend, und der adftringirende Beftandtheil ift fehr volatil: aufferdem enthalten fie Zucker und Pholphorfäure. (*Crells* chem. Annal. 1787. I. u. II. Stück.).

Man hat die Galläpfel von den älteften Zeiten an, hin und wieder innerlich gegen Wechfelfieber gebraucht, und dies gefchieht noch in manchen Gegenden Deutfchlands, als ein Hausmittel, wodurch zur Unzeit groffer Schaden angerichtet wird. Am würkfamften find fie im Aufguſs: 1).

in Schäden wo man ftark austrocknen, oder der Fäulniſs Einhalt thun will. *Hahnemann* gebrauchte auch ein concentrirtes *Decoct* in faulichten Geſchwüren, und dem Brande. 2) um die Theile zu ſtärken, mit Waſſer und Wein.

Auſſerdem benutzt man das Decoct zur Prüfung der Mineralwaſſer, zur Bereitung der Dinte, und der ſchwarzen Farbe in der Färberei.

CORTEX GRANATORVM.

Cortex Malacorii. (Punica Granatum *L.*).
Granatenſchaalen.

Die Schaalen ſind die Rinde der Granatäpfel, und gehören unter die ſtärkſten adſtringirenden Subſtanzen aus dem Pflanzenreich.

Man benutzt ſie noch hin und wieder zu äuſſerlichen zuſammenziehenden Bähungen gegen Vorfälle; zu Gurgelwaſſern und Einſprützungen.

FLORES BALAVSTIORVM.

Die Blüten des Granatbaums.

Sie ſind in einem ſchwächern Grade zuſammenziehend, und werden zu Gurgelwaſſern in Halsſchaden, bey kleinen Schwellungen der Schleimhaut

im

im Halse, der Verlängerung des Zapfens, geschwollenen Mandeln u. a. zuweilen angewendet.

FLORES ROSARVM RVBRARVM.
Rosa Damascena *L.* R. Centifolia *L.* Essigrose.

Alle Rosenarten besitzen einen zusammenziehenden Bestandtheil, welcher sich auch schon durch den herben Geschmak der Blätter zu erkennen giebt. Am kräftigsten ist dieser in den Knospen und den Blättern der Essigrose enthalten, welche noch nicht entfaltet sind: Doch ist er selbst in seinem vollkommensten Zustande nicht sehr beträchtlich *(Cullen).* Die Blätter werden hauptsächlich im Decoct zu Gurgelwassern und zu Bähungen gegen Augenentzündungen angewendet. Die trocknen Blätter mischt man des Wohlgeruchs wegen unter Kräuterküssen, Räucherpulver, Rauchtobak.

PRAEPARATE.

1) *Aqua rosarum*, das Rosenwasser: Ein angenehmes wohlriechendes Wasser. Zu Augenwasser und Salben um den Fettgeruch zu verbessern; als Schminkwasser.

2) *Conserva rosarum* aus den frischen Blumenblättern mit Zucker zusammengerieben. Gemeiniglich ist etwas Vitriolsäure zugesetzt, um die

Farbe zu erhöhen. Die Hauptanwendung geschieht davon zu Zahnlatwergen um das Zahnfleisch zu stärken mit Chinarinde, Cremor tart. u. a.; ausserdem zu Pillenformen.

3) *Mel rosarum* aus dem Saft der Blätter mit Honig eingekocht, oder besser mit rohem Honig zusammengerieben. Man benutzt es gewöhnlich als ein reinigendes Mittel gegen die Schwämmchen der Kinder, Geschwüre im Munde und am Zahnfleisch. Unter Zahnopiate, mit Spir. Vitriol., Spir. Salis; zur angenehmen Säure, Borax u. a. Als Zusatz zu Wunddecocten, zur Reinigung der Geschwüre und Fisteln; zu Einsprüzungen, zu Gurgelwasser in der Bräune.

4) *Iulepus rosarum*, Rosensyrup. Man läst Zucker in Rosenwasser auflösen, durchseihen und einkochen. Als Zusatz zu Mixturen.

5) *Acetum rosarum.*

6) *Oleum rosarum*, ist ein blosses gekochtes Oel aus den Rosenblättern, mit Baumoel.

POTENTILLA ANSERINA.

Herba Potentillae anserinae. Gänserich. An den Wegen.

Das Kraut ist sowohl frisch als getrocknet adstringirend. *Acrell* empfahl das Decoct davon innerlich

innerlich gegen Nierenfchmerzen. *Bergius* den ausgeprefsten Saft in Bruftgefchwüren. Als ein zufammenziehendes Mittel bekommt es nicht immer.

BISTORTA.

Radix Biftortae. (Polygonum Biftorta *L.*). Natterwurzel, Schlangenwurzel. An feuchten Hügeln.

Die Wurzel ift ein kräftiges zufammenziehendes Mittel. Man benutzt fie zu adftringirenden Umfchlägen und Gurgelwaffer; zur Befeftigung der Zähne.

TORMENTILLA.

Radix Tormentillae. (Tormentilla erecta *L.*). Tormentillwurzel.

Sie befitzt eben die Würkungen als die Biftorta, und wird oft in Verbindung derfelben angewendet.

SYMPHYTVM OFFICINALE.

SVCCVS CATECHV.

Terra Catechu. Terra Iaponica. (Mimofa Catechu *L.*) Katechufaft, japanifche Erde. Im füdlichen Afien.

Kerr in London Medical Obfervations. Vol. V.

Diefer Saft ift ein harzicht gummichtes Extract, welches durch das Auskochen aus dem Holze erhal-

erhalten wird, und keine Erde. Es besteht aus ungleichen braunschwarzen Stücken, ohne besondern Geruch. Dem Geschmak nach ist es zuerst zusammenziehend und nachher etwas süs. Häufig ist es mit einer braunen Thonart verfälscht. Wenn es ächt ist, muſs es sich in warmen Waſſer, Wein, Eſſig, oder schwachem Brandtwein ganz auflösen.

Man benutzte vormals den Katechusaft innerlich zur Stärkung des Darmkanals. Es ist ein kräftiges zusammenziehendes Mittel wenn es ächt ist; allein da wir beſſre Mittel besitzen, wovon weniger eine Verfälschung zu fürchten ist, so wird es zu dieser Absicht füglich entbehrlich.

Oefterer dagegen gebraucht man es äuſſerlich zu Zahntincturen, um das Zahnfleisch zu stärken. Wider Geschwüre im Munde. Zu Injectionen gegen den weiſſen Fluſs in Verbindung mit der China, Rosenhonig, Honig, als Lattwerge, und in Pulver.

PRAEPARATE.

1) *Extractum terrae catechu.* Ist entbehrlich.

2) *Tinctura terrae catechu* mit Weingeist bereitet. Sie sieht dunkelbraun aus, und wird, wenn man Waſſer zugieſst, nicht trübe. Man bedient ſich ihrer ſtatt des rohen Safts zu 50, 60, 100 Tropfen,

pfen, gegen Zufälle am Zahnfleifch, Gefchwulft der Uvula u. a. Am würkfamften als Zufatz zu gelinde zufammenziehenden Decocten. Zum Verbande erfchlaffter Gefchwüre.

3) *Trochifci catechu* aus dem Extract. bereitet, und mit Ambra verfetzt. Um den Athem zu verbeffern und wohlriechend zu machen.

GVMMI KINO.

Ein kräftiges zufammenziehendes Mittel.

GVMMI LACCAE.

(Croton lacciferum *L.*). Gummilack. Aus Indien, Tibet, Bengalen.

Das Gummilack ift das Product eines Infekts. Es giebt davon dreyerley Arten: 1) *Lacca in tabulis*, Schellack. 2) *L. in baculis*, Stocklack. 3) *L. in granis*. Wir gebrauchen gemeiniglich die leztere; fie befteht aus kleinen braunrothen, durchfichtigen Körnern, ohne Geruch und von einem fchwachen zufammenziehenden, harzichten Gefchmak. Auf glühende Kohlen geworfen, riecht es angenehm.

Man benutzt es zur Stärkung des Zahnfleifches, und gegen das fchwammichte Zahnfleifch im Scorbut. Am beften mit Waffer aufgelöfst.

Dritte Klaſſe.

PRAEPARAT.

1) *Tinctura Laccae:* aus Gummi laccae in Weingeiſt aufgelöſst.

2) *Tinct. Laccae aquoſa.* Das Gummi wird in Waſſer gekocht, wozu man etwas Alaun ſetzt, um die Auflöſung zu befördern. Zur Stärkung des Zahnfleiſches; gegen aphthöſe Geſchwüre im Munde. Zum Verband ſcorbutiſcher Geſchwüre.

SPIRITVS VINI.

Der Weingeiſt und die ſpirituöſen Mittel überhaupt genommen, beſitzen auſſer der Würkung die Säfte gerinnen zu machen (S. 19.), noch die Nebeneigenſchaft, daſs ſie die Muskelfaſern und die Gefäſſe zuſammenziehen und gleichſam verhärten. Sie werden daher vielfältig zu Bähungen und Umſchlägen gebraucht, um erſchlafte oder geſchwächte Theile zu ſtärken. In einfachen Wunden um die Entzündung zu verhüten. Gegen leichte Entzündungen ſelbſt, z. B. Froſtbeulen, gegen das Durchliegen der Kranken, das Durchſaugen der Bruſtwarzen, mit erweichenden Mitteln verbunden. Sie machen die Theile, gewiſſermaſſen callös.

Der

Der Wein.

Die rothen Weinarten ſind in einem ſtärkern Grade zuſammenziehend als die weiſſen.

Der adſtringirende Beſtandtheil iſt in den Weinen von dem Alcohol gewiſſermaſſen gedämpft. Wenn ſie daher einer ſolchen Hitze ausgeſetzt werden, daſs der ſpirituöſe Theil verfliegen kann, ſo bleibt der adſtringirende Stoff zurück, und gewinnt dann an Stärke. In Verbindung mit gewürzhaften Kräutern, ſind ſie ſehr würkſame zuſammenziehende Mittel, zu Bähungen und Umſchlägen.

B. Aus dem Mineralreich.

VITRIOLVM MARTIS.

Eiſenvitriol, grüner Vitriol, wird aus Vitriolerzen und verwitterten Schwefelkieſen ausgelaugt.

Der Eiſenvitriol hat eine grüne Farbe, und einen ſüſslichen zuſammenziehenden Geſchmak. Er enthält faſt immer Kupfertheile. Zum innerlichen Gebrauch, um ihn ganz rein zu bekommen, wird er durch die Kunſt nachgemacht (1 Th. S. 343).

Man macht ſelten von dem Eiſenvitriol Gebrauch, weil er mit andern zuſammenziehenden vegetagetabilifchen Subftanzen verbunden, eine fchwarze Farbe erzeugt, und für fich allein zu äzend ift. In vorigen Zeiten gebrauchte man den fogenannten fchwarzen Umfchlag (Species Decocti nigri) wider den Brand, als ein fäulniswidriges Mittel.

VITRIOLVM ALBVM.

Der weiffe Vitriol ift ebenfalls zufammenziehend. Er wird am häufigften als ein austrocknendes Mittel angewendet.

ALVMEN (S. 19.).

Eins der zweckmäffigften Mittel um die Würkung zufammenziehender vegetabilifcher Arzneien zu verftärken. Die Kraft hängt von der Vitriolfäure ab, welche durch die Verbindung mit der Erde etwas abgeftumpft ift. Der Gefchmak ift fauer, zufammenziehend.

Der Gebrauch diefes Mittels ift fehr mannigfaltig. *Petit* fand es nach eingerichteten Verrenkungen zur Stärkung der Bänder fehr würkfam. Gegen Vorfälle, Prolapfus der Mutterfcheide und des Maftdarms unter Injectionen. Wider fchwammichte Gefchwulfte ift es von groffem Nutzen; *Plenk* zertheilte dadurch einen anfangenden Kropf auch anfangende Balggefchwulfte, und Ueberbeine, felbft den Schwamm am Knie.

Unter

Unter Gurgelwaſſer, gegen die Erſchlaffung des Zahnfleiſches und der Uvula, in der angina catarrhal. und tonſillar. In der brandichten Bräune, ſcorbutiſchen Geſchwüren im Munde, und häufigem Bluten des Zahnfleiſches. Auch gegen ſcrophulöſe Geſchwüre. Vormals gebrauchte man dazu hauptſächlich die aluminirte Charpie.

Wider die Entzündung der Augen, wird der Alaun ſehr häufig angewendet; am zweckmäſſigſten iſt er in wäſſrichten Ophthalmien (Ophthalmia ſeroſa); doch auch unter gehöriger Vorſicht in acuten. Man läſst ihn am beſten in deſtillirtem Waſſer, Roſenwaſſer, Aqua Flor. Sambuci auflöſen. Die gewöhnliche Methode, daſs man ihn mit Eiweis abreiben läſst, beköm̃t zwar dem Auge ſehr wohl; allein das Eiweis würkt als ein Heftpflaſter, verklebt und reizt die Augen.

Praeparat.

Aqua aluminis compoſita Ph. Edinb. Eine Auflöſung von Alaun und weiſſem Vitriol in Waſſer. Als Waſchmittel gegen hartnäckige Hautausſchläge, zur Reinigung der Geſchwüre und zu Injectionen,

Vierte Klasse.
Zertheilende Mittel; *Discutientia*.

Die Klasse der zertheilenden Mittel steht zwischen den adstringirenden Arzneien und den reizenden gewissermassen in der Mitte. Sie sind in einem geringen Grade zusammenziehend, und zugleich besitzen sie gelinde reizende, stimulirende Bestandtheile. Die meisten von diesen haben ausser dem scharfen, auch einen bittern zusammenziehenden Geschmak.

Die äusre Anwendung dieser Mittel und ihre Würkungsart, kommt mit der innern beynahe ganz überein (1. Theil. S. 214. 235. u. f.). Sie reizen die kleinen Gefässe zu grösserer Würksamkeit, verstärken die Absorbtion der stockenden Säfte, und vermittelst ihrer zusammenziehenden Kraft verengen und stärken sie die Gefässe zugleich.

Wenn man sie in offne Geschwüre bringt, so können sie als reizende Substanzen die Eiterung vermehren, und dadurch, zumal in faulichten Geschwüren, die Absonderung der abgestorbenen oder

doch

doch sonst verdorbenen Theile von den gesunden befördern.

Einige von diesen widerstehen der Fäulniſs thierischer Theile, und können daher selbst dem Fortgang derselben Einhalt thun, oder vor der Fäulniſs verwahren.

Eine ähnliche Würkung haben die Mittelsalze als chirurgische Mittel, äusserlich an den Körper angebracht. Sie reizen die festen Theile, und hauptsächlich die kleinen Gefässe, verstärken die Absorbtion, und befördern daher die Zertheilung der Geschwulste und Stockungen. Ausserdem sind sie ebenfalls antiseptisch.

Die Laugensalze können als zertheilende Mittel, nur dann angewendet werden, wenn ihre Schärfe, wie z. B. in der Seife auf einen gewissen Grad gemildert ist. Für sich allein sind sie äzend, und fressen die Theile an. Die Bleymittel thun gerade das Gegentheil; sie sind zusammenziehend, zertheilend und lindernd zugleich.

Die Anwendung von diesen Mitteln, geschiehet theils in trockner, theils in flüssiger Form: in Kräuterküssen, Gurgelwasser, zertheilenden Bähungen, Salben und Umschlägen.

Die Mittel felbft find:

A. Aus dem Pflanzenreich.
 1. Gewürzhafte, balfamifche Kräuter, welche ein aetherifches Oel enthalten; die aetherifchen Oele.
 2. Schleimharze; Gummi Refinae, G. Ammoniacum, Colophonium, u. a.
 3. Geiftige, fpirituöfe Mittel.

B. Aus dem Mineralreich.
 1. Die Mittelfalze.
 2. Die fixen vegetab. Laugenfalze; die Seife.
 3. Bleymittel (Saturnina).

A. Aus dem Pflanzenreich.
I. Gewürzhafte Mittel.
HYSSOPVS.

Herba Hyffopi. (Hyffopus officinalis *L.*). Ifop.

Das Kraut hat einen gewürzhaften Geruch und fcharfen Gefchmak. Es ift eins der gebräuchlichften Mittel zur Zertheilung der Blutextravafate und Gefchwulfte von Blut. Man benutzt es zu Umfchlägen schlägen gegen die Kopfgeschwulst neugebohrner Kinder, wider Blutunterlaufungen am Auge. Zu Gurgelwasser in der Bräune. Als ein reinigendes Mittel zu Einsprützungen in Geschwüren.

Man läfst es mit Wasser oder Wein abkochen.

Mentha.

Herba Menthae crispae. (Mentha crispa *L.*).
Kraufemünze.

Der Geruch des Krauts ist stark durchdringend, und ganz eigner Art. Es gehört unter die vorzüglichsten zertheilenden Mittel, hauptsächlich mit Wein gekocht, und zu Umschlägen. Man legt dem Kraute noch die besondere Kraft bey, dafs es das Gerinnen der Milch in den Brüsten verhüten soll.

Praeparat.

Oleum Menthae crispae. Zum Einreiben zur Zertheilung der Milch; gegen Milchknoten.

Pvlegivm.

Herba Pulegii. (Mentha Pulegium *L.*). Polei.

Das Kraut hat einen balsamischen, angenehmen Geruch. Zur Zertheilung von Blutunterlaufungen. In Kräuterküssen.

MELISSA.

Herba Melissae. (Melissa officinalis *L.*). Gartenmelisse.

Die Gartenmelisse ist ihres gewürzhaften Citronengeruchs wegen, sehr angenehm. Sie enthält unter allen Gewächsen dieser Klasse, das wenigste aetherische Oel, und gehört also unter die schwächern gewürzhaften Kräuter. Durch das Kochen verliert sie fast alle Würksamkeit. Sie paßt dagegen besser zu trocknen Umschlägen, oder Kräuterkissen, mit andern wohlriechenden Mitteln, zuweilen auch mit Kampher verbunden.

PRAEPARAT.

Oleum Melissae ist theurer als die ähnlichen Oele, und entbehrlich.

SALVIA.

Herba Salviae. (Salvia officinalis *L.*). Salvey.

Das Kraut ist gewürzhaft, und dabey gelinde adstringirend. Man benutzt es am meisten zu Gurgelwasser, gegen leichte catarrhalische Entzündungen im Schlunde, in der Angina, Entzündung der Mandeln, gegen das scorbutische Zahnfleisch, Geschwüre im Munde, u. a. In Verbindung mit Essig, oder Honig, Mittelsalzen, Alaun, u. a. Auch zur Reinigung fauler Geschwüre.

LAVEN-

LAVENDVLA.

Flores Lavendulae. (Lavendula Spica *L.*). Lavendel.

Die ganze Pflanze ist in allen ihren Theilen gewürzhaft. Am concentrirtesten ist das Aroma in den Blüten, ehe sie völlig entfaltet sind. Man gebraucht das Gewächs seltener zu Umschlägen, und Bähungen; häufiger hingegen trocken in Kräuterküssen.

PRAEPARATE.

1) *Spiritus Lavendulae*, (Eau de Lavande). Ein zertheilendes Mittel in leichten Entzündungen; als Waschmittel in paralytischen Zufällen. Als Riechmittel.

2) *Oleum Lavendulae*, zum Wohlgeruch unter Salben.

ROSMARINVS.

Herba rorismarini. (Rosmarinus officinalis *L.*). Rosmarin.

Der Rosmarin ist ebenfalls in allen seinen Theilen aromatisch. Er kömmt auch in seinen Würkungen mit dem Lavendel überein.

PRAEPARATE.

1.) *Oleum Rorismarini*, ist sehr durchdringend und kampherartig. Man benutzt es äusserlich zum Einrei-

Einreiben gegen Krämpfe des Unterleibs, in Colikfchmerzen, hyfterifchen Krämpfen.

2) *Aqua reginae Hungariae*, aus den Blüten mit Weingeift deftillirt. Zu Bähungen in paralytifchen Zufällen.

THYMVS SERPILLVM.
Quendel.

Das Kraut hat einen ftarken angenehmen Geruch, doch ift es fchwächer als der gemeine Thymian (Thymus vulgaris *L.*).

PRAEPARAT.

Spiritus Serpilli, Quendelfpiritus, mit Weingeift abgezogen. Ein reizendes, zertheilendes Mittel in paralytifchen Zufällen, Quetfchungen, leichten Entzündungen.

SATVREIA HORTENSIS.

CHAMOMILLA.

Flores Chamomillae. (Matricaria Chamomilla *L.*).
Chamille.

Der Geruch der Blüten ift durchdringend, gewürzhaft. Sie werden fehr häufig als ein zertheilendes und krampflinderndes Mittel zu Bähungen, Umfchlä-

Umschlägen, Klyſtiren benutzt. Die trocknen Blumen zu Kräuterküſſen, in der Roſe, rheumatiſchen Geſchwulſten, u. a.

PRAEPARAT.

Oleum Chamomillae coctum.

PETROSELINVM.

Herba Petroſelini, Semina. (Apium Petroſelinum *L.*).
Peterſilie.

Das Kraut iſt aromatiſch, und enthält eine gelinde Schärfe. Man gebraucht es als ein Hausmittel zur Zertheilung der Milchverhärtungen, gegen leichte Entzündungen, Inſectenſtich. Die Saamen geben ein weſentliches Oel.

Der Körbel (Scandix Cerefolium *L.*), wird auf ähnliche Weiſe gebraucht.

CVMINVM.

Semina Cumini. (Cuminum Cyminum *L.*). Römiſcher Kümmel.

Der Kümmel hat einen gewürzhaften Geruch, und einen bittern pikanten Geſchmak.

PRAEPARATE.

1) *Oleum Cumini*, wird allein äuſſerlich gebraucht, zum Einreiben gegen Blähungszufälle, Coliken und Krämpfe in den Gedärmen.

2) Ein

2) *Emplaſtrum de Cumino.* Gegen Colikſchmerzen, in der Ruhr auf den Unterleib.

LAVRVS.

Baccae Lauri. (Laurus nobilis *L.*). Lorbeer.

Die Beeren und die Blätter werden in der Oeconomie als Gewürz gebraucht.

PRAEPARATE.

1) *Oleum Laurinum.* Die Lorbeeren enthalten ein doppeltes Oel: ein unguinöſes ausgepreſstes, und ein aetheriſches deſtillirtes. Das ausgepreſste Oel wird am häufigſten gebraucht; es iſt grün von Farbe und butterartig. Man benutzt es zum Einreiben gegen Coliken, dem Hüftweh, in Zufällen von Lähmung, zur Zertheilung von Geſchwulſten.

2) *Emplaſtrum de baccis Lauri.* Gegen Colikſchmerzen, als ein zertheilendes Mittel wider Geſchwülſte.

IVNIPERVS.

Baccae iuniperi. (Iuniperus communis *L.*). Wacholder.

Die Wacholderbeeren haben einen durchdringend aromatiſchen, nicht unangenehmen Geruch, und einen warmen bittern Geſchmak. Man benutzt ſie hin und wieder zu Umſchlägen und Kräuterſäterfäcken: häufiger als ein Räuchermittel. Zur Zertheilung wäfrichter Gefchwulfte, in der Rachitis zur Stärkung.

PRAEPARAT.

Oleum iuniperi. Wird aus den Beeren deftillirt. Es ift nicht fo fcharf und reizend, als viele andre aetherifche Oele, und wird äufferlich zum Einreiben in paralytifchen Zufällen, und zu zertheilenden Pflaftern gebraucht.

OLEVM NVCISTAE.

Mufcatennusoel. (Myriftica Mofchata *Thunb*. Aus Oftindien, den Moluckifchen Infeln.

Die Mufcatennüffe, enthalten eine beträchtliche Menge von Oel. Es ift dick wie Butter, und wenn es frifch ift gelblicht, durchfichtig; durch das Alter wird es braunroth. Sehr oft ift es mit Wachs, Talg, Sperma ceti verfälfcht.

Man benutzt das Oel äufferlich als ein krampflinderndes, zertheilendes Mittel. Es verfliegt nicht fo leicht als die andern wefentlichen Oele. 1) Gegen heftige Kolikfchmerzen, Erbrechen, in den Unterleib eingerieben. Vormals gebrauchte man es in diefen Krankheiten innerlich in Suppen. 2) In Lähmungszufällen in dem paralytifchen Theil. Auch unter Magenpflafter, Balfame, Salben.

Balsamus Nucis Moschatae.

OLEVM MACIS EXPRESSVM.
Muscatenblütöhl.

Dies Oel ist ungleich feiner und flüchtiger als das Muscatennufsoel: daher auch in paralytischen Beschwerden würksamer. Im Podagra hat man es mit gutem Erfolg äusserlich einreiben lassen.

OLEVM DE CACAO.
Butyrum de Cacao. Cacaobutter. (Theobroma Cacao *L.*). In Mexico an den Ufern des Amazonenflusses.

Ein festes, butterartiges Oel aus den Cacaonüssen. Wenn es frisch ist, hat es eine graulichte Farbe; durch die Destillation, oder mit Wasser gewaschen, wird es weis. Es kann sich sehr lange halten, ehe es ranzicht wird. *Mönch* fand es nach 17 Jahren völlig unverdorben.

Das Oel ward vormals innerlich gebraucht in Suppen, um zu schmeidigen und zu lindern. In Krankheiten der Urinwege, Steinbeschwerden, Colikschmerzen. Auch in der Heiserkeit und in Brustzufällen.

Aeusserlich läfst man es als ein linderndes und zertheilendes Mittel einreiben. Gegen Coliken, in

hart-

hartnäckigen Verstopfungen, Krämpfen der Eingeweide. Als Salbe gegen die blinden Haemorrhoiden, aufgesprungene Lippen, Brustwarzen u. a. Es enthält wenige gewürzhafte Theile, und kömmt mehr mit den milden fetten Oelen in seinen Würkungen überein.

Oleum Anisi, Foeniculi, Anethi, Carvi.

OLEVM CAIEPVT.

Cajeputoel. (Melaleuca Leucodendron L.).

Eins der besten zertheilenden Mittel. 1) Gegen *rheumatische Schmerzen* äusserlich eingerieben; in Zahnschmerzen, hauptsächlich von Erkältung und Flüssen, mit Baumwolle an den Zahn gelegt. 2) in *Entzündungen*, selbst in hartnäckigen Augenentzündungen. 3) in der *Gicht* und im *Podagra*. Um die Schmerzen zu lindern. Thunberg empfiehlt es als das beste Mittel, welches die Schmerzen im Podagra lindert, ohne die Materie zurückzutreiben. Es bewürkt allemahl grosse Linderung, ohne irgend eine Ungelegenheit, und die Gicht verschwindet für diesmahl nach und nach auf die gewöhnliche Art, bald früher bald später. Es hat darinn einen Vorzug vor dem Kampher, dass es die Schmerzen geschwind und sicher hebt.

Das

Das Oel ſtillt gleichfalls oft das Kopfweh, wenn es unter die Naſe gehalten, und in die Schläfe geſtrichen wird, oder verſchafft wenigſtens einige Linderung. Die Flechten vertragen es nicht.

Olevm cvlilaban.

Camphora.

Kampher. (Laurus Camphora *L.*).

Der Kampher gehört unter die vorzüglichſten zertheilenden äuſſerlichen Mittel. Er iſt ſehr durchdringend, und ſcheint eine beſondre Eigenſchaft zu beſitzen, den Entzündungsreiz zu mildern. Indeſſen paſst er nicht ſo ſehr in hitzigen Entzündungen, weil er zu ſtark reizt; beſſer vertragen ihn die Entzündungen, wo der inflammatoriſche Reiz ſchon gemildert iſt. In rheumatiſchen Entzündungen muſs man mit dem Gebrauch behutſam ſeyn, weil leicht die Materie dadurch zurückgetrieben wird. Zur Zertheilung unſchmerzhafter Geſchwulſte iſt er ebenfalls würkſam.

Man benutzt ihn entweder in Subſtanz, mit Flanel applicirt, oder in Kräuterküſſen; auch in Oelen oder Weingeiſt aufgelöſt.

PRAEPARATE.

1) *Spiritus vini camphoratus*, Kampherſpiritus. Ein reizendes und hitziges Mittel. In Geſchwulſten welche mit Entzündung verbunden ſind, iſt er allemahl nachtheilig; zweckmäſſiger hingegen als ein ſtärkendes Mittel, um die Schwäche nach Verrenkungen oder Verdrehungen zu heben.

2) *Oleum camphoratum*, iſt erweichend und zertheilend. Gegen Geſchwulſte.

3) *Linimentum ſaponis*, Seifenſpiritus. Aus Weingeiſt, Kampher und Seife; iſt zertheilend und ſtärkend.

4) *Vnguentum album camphoratum*.

5) *Linimentum volatile camphoratum*.

II. Schleimharze, (Gummi Reſinae).

GVMMI AMMONIACVM.

Ammoniakgummi.

Unter den Schleimharzen iſt das Gummi Ammoniacum das kräftigſte zertheilende Mittel. Es beſitzt zugleich neben der zertheilenden, eine erweichende Kraft, und pflegt daher, wenn es nicht zertheilt, die Eiterung zu befördern *(Plenk)*. Aus der Urſache iſt es auch ein Ingredienz faſt aller zertheilenden Pflaſter.

In Gefchwulften welche mit Entzündung verbunden find, darf man es nicht anwenden. Vielmehr blos bey kalten Gefchwulften: 1) gegen Gelenkgefchwulfte und der Steifigkeit der Gelenke; gegen den Gliedfchwamm. *Evers* gebrauchte es mit Nutzen in der anfangenden Anchylofis. Gegen den Kropf, zur Zertheilung fcirrhöfer Gefchwulfte, Verhärtungen der Hoden, und zur Zertheilung arthritifcher Knoten. 2) Wider die Balggefchwulfte (Tumores cyftici), zumal im Anfang. 3) In der Gelenkwafferfucht, der langwierigen Wafferfucht im Kniegelenk. 4) Gegen herpetifche feuchte Ausfchläge. In der Tinea capitis, ftatt der vormals gebräuchlichen Pechhaube.

Am würkfamften ift das Gummi Ammoniacum, wenn es mit Eflig zur Confiftenz eines Breyes gekocht wird, oder ftatt deffen mit Wein. Auch die Auflöfung in Meerzwiebeleflig (acetum fquilliticum), ift fehr kräftig, und das Gummi läfst fich leicht darinn auflöfen.

COLOPHONIVM.

Das gemeine Violinharz; das Refiduum nach der Deftillation des Olei Terebinthinae.

Li ſt über die auflöſende Kraft des Colophoniums in weiſſen Geſchwulſten. Van Li l Beobachtungen, welche den Gebrauch des Colophoniums in weiſſen Geſchwulſten beſtätigen. In den Samml. f. pr. Aerzte. V. u. IX. B.

Dies Harz iſt ebenfalls ein würkſames zertheilendes Mittel. Es beſitzt die guten Eigenſchaften des Terpentins, ohne zugleich die Unbequemlichkeiten deſſelben zu verurſachen, und verdient ſeiner gelindern Würkung wegen, vor dem Terpentin den Vorzug. Von rectificirtem Weingeiſt wird es leicht aufgelöſt.

Man muſs Stücke von dem beſten Colophonium auswählen, welche gegen das Licht gehalten, durchſcheinend roth ſind. *L i ſt* applicirte es mit trocknem Hanf, worauf er eines Fingers dick das gepulverte Colophonium ſtreute; dieſen lieſs er mit rectificirtem Weingeiſt ſo lange begieſſen, bis er durchgehends genug befeuchtet iſt, und legt es dann auf die Geſchwulſt. So bald der Kranke merkt, daſs es trocken wird, wird es ohne abzunehmen, aufs neue mit Weingeiſt befeuchtet, und dieſes ſo oft es nöthig iſt wiederholt. Der Weingeiſt entbindet gewiſſermaſſen die aetherifchen fauren Theile des Harzes, und es entfteht hieraus eine fehr durchdringende zertheilende Maffe, welche durch die Haut eindringt, die Feuchtigkeiten zertheilt, und vor der Verderbnifs bewahrt. Hr. Lift war befonders in Zertheilung der weiffen Gefchwulft am Knie damit fehr glücklich; und ich kann felbft den Nutzen des Colophoniums durch mehrere Erfahrungen beftätigen.

Der Gebrauch, fchränkt fich nicht blos auf die kalten weiffen Gefchwulfte allein ein, fondern auch bey andern Gefchwulften, wo die ftockenden Säfte noch keine Schärfe angenommen haben, kann dies Mittel groffen Nutzen leiften *(van Lil)*. Gegen oedematöfe Gefchwulfte. Zum Räuchern in der Rachitis.

Das Harz ift auch ein Ingredienz zäher, klebender Pflafter.

Der Terpentin wird in manchen Gegenden als ein zertheilendes Hausmittel gebraucht. Die Landleute pflegen Gefchwulfte, welche nahe an den Gelenken und Flechfen entftehen, mit Terpentin zu beftreichen, und diefe vergehen oft dadurch. Gefchwulfte welche mit Entzündung verbunden find, vertragen diefes Mittel nicht; überdem wenn die Kranken eine zarte Haut haben, werden leicht Blafen, und eine Entzündung auf der Haut erregt.

OPIVM.

OPIVM.

Der Mohnsaft.

Fothergill empfahl den Mohnsaft als eins der würksamsten zertheilenden Mittel, äusserlich mit einem Brey aufgelegt.

Grant hat einige glückliche Versuche damit in Geschwüren angestellt, wo schwammichtes Fleisch entstanden war. Er liess einen Breyumschlag von Habermehl mit einer Auflösung des Extract. Opii vermischen, und diesen kalt auflegen, (Bemerkungen über den Gebrauch des Opiums, im Lond. Med. Journal. Vol. VI.). In dem kalten Brande welcher von erfrornen Gliedern entsteht, hat die Auflösung des Extracts, mit einem Breyumschlag aufgelegt, in sehr hartnäckigen Fällen, wenn die Reizbarkeit an dem Orte des Geschwürs gross war, oft ausserordentliche Dienste geleistet, und es sind nie üble Folgen davon beobachtet. Der Schmerz den dieses Mittel zuweilen verursacht, dauert selten länger als der erste Verband (*Grant*). Der Breyumschlag bleibt länger feucht, und verhindert viele Beschwerden, welche bey einem Verbande mit Charpie oder Compressen statt finden.

PRAEPARAT.

Tinctura Thebaica, aus Mohnfaft und Gewürzen in fpanifchem Wein aufgelöfst. *Ware* gebrauchte fie äufserlich in Augenentzündungen mit groffem Nutzen. Man läfst zwey bis drey Tropfen in das Auge, zwey oder dreymahl täglich eintropfen, je nachdem die Zufälle mehr oder weniger heftig find. Im Anfang erregt es einen heftigen Schmerz und ftarkes Thränen der Augen, welches doch nur wenige Minuten anhält, und fich nach und nach mit merklicher Linderung der Schmerzen verliert. Weder der Wein, noch der Mohnfaft allein, find fo würkfam, als in diefer Verbindung. (Bemerkungen über die Augenentzündungen).

B. Aus dem Mineralreich.
I. Die Mittelfalze.

SAL AMMONIACVM.
Der Salmiak.

Faft alle Mittelfalze find aufserhalb dem Körper würkfame zertheilende Mittel. Unter allen find die ammoniacalifchen Salze und der Salmiak am kräftigften. Ob fie aber, wie einige annehmen, in

die

die Poren der Haut und in die kleinen Gefäſſe eindringen, und die zähen Säfte auf dieſe Weiſe zertheilen, daran iſt ſehr zu zweifeln. *Smith* hat in ſeinen Verſuchen beobachtet, daſs in allen Mittelſalzen eine beruhigende Kraft vorhanden iſt, ausgenommen im Kochſalze, und daſs ſie die Reizbarkeit des Theils zerſtören.

Man gebraucht den Salmiak ſehr häufig: 1) in allen ſogenannten kalten Geſchwulſten, Geſchwulſten der Drüſen, Fleiſchgeſchwulſten, Sackgeſchwulſten. 2) Zur Zertheilung der Blutunterlaufungen, und extravaſirter Flüſſigkeiten, gegen die Blutaderknoten der Schwangern. 3) In Waſſergeſchwulſten, der Gelenkwaſſerſucht.

Keate empfiehlt die Auflöſung des Salmiaks in Eſſig und Weingeiſt, als auſſerordentlich würkſam zur Zertheilung des Waſſerbruchs. Nach achttägiger Anwendung war darnach die Geſchwulſt gemeiniglich vermindert, weicher anzufühlen, und ohne alle Schmerzen, und in vier Wochen gemeiniglich die Kur vollendet (Caſes of the Hydrocele). In Verbindung mit der Punction des Hodenſacks, verhütet ſie die ſonſt ſo gewöhnliche Rückkehr der Krankheit, und bewürkt oft eine Radicalcur: nur dürfen, wenn die Anwendung nicht ſchaden ſoll, keine

keine Anſammlungen von Eiter, Blut oder Waſſerblaſen vorhanden, noch der Hode ſelbſt krank ſeyn. 4) In leichten Entzündungen, gegen Froſtbeulen. Als Zuſatz zu Gurgelwaſſern in der catarrhaliſchen Bräune.

4) In *Hautkrankheiten*. Zur Heilung der Kräze iſt der Salmiak mit einer Salbe verbunden, beynahe ſpecifiſch. Auch als Waſchwaſſer. Zur Reinigung alter Geſchwüre. Die Heilung alter Geſchwüre wird durch gelinde reizende Mittel auſſerordentlich befördert. 5) Als ein ſtärkendes Mittel, um die Schwäche in irgend einem Theil zu heben, nach Verrenkungen, Knochenbrüchen u. a.

6) Auſſerdem hat man dem Salmiak noch vorzügliche Kräfte zugeſchrieben, in Milchſtockungen, die geronnene Milch aufzulöſen, und in ihrer Auflöſung zu erhalten; hauptſächlich in ungariſchem Waſſer aufgelöſt. Die Auflöſung in gemeinem Waſſer ſcheint nach einigen Verſuchen eben ſo würkſam, und das Waſſer nimmt auch mehr Salz in ſich, als das ungariſche Waſſer faſſen kann. *Iuſtamond* ließ drey Unzen Salmiak in ein halb Quartier Waſſer auflöſen, und goſs nachher eben ſo viel ungariſches Waſſer hinzu. Die Auflöſung muſs mit zuſammengelegten Tüchern *warm* über die ganze Bruſt geſchlagen, und ſo oft die Tücher trocknen,

wie-

wiederholt werden. Die Auflösung des Salmiaks, hat vor der gewöhnlichen Behandlung solcher Fälle durch Breyumschläge viele Vorzüge *(Iuftamond)*.

Man mischt den Salmiak zuweilen auch unter Klystire, um anscheinend todte Personen, Ertrunkene, Apoplektische, Erstickte, wieder zum Leben zu bringen.

Bey dem Gebrauch läfst man die Auflösung so stark machen, als die Haut es nur vertragen kann. Er löst sich in Wasser leicht auf, die Würkungen aber sind vorzüglicher, wenn man Essig oder Weingeist dazu nimmt.

PRAEPARATE.

1) *Spiritus Salis Ammoniaci* cum calce viva, Salmiakgeist. Für sich allein ist er stark reizend und ätzend. Man benutzt ihn zur Zertheilung der Milchknoten, äusserlich mit Oelen vermischt eingerieben. Als Waschmittel im tollen Hundsbiss, um die Wunde auszuwaschen, mit Wasser verdünnt. *(Hanade* in Samml. f. pr. A. VI. B.) Gegen Verbrennungen. Gegen flechtenartige Ausschläge mit vielem Wasser verdünnt. Um leblos scheinende Personen wieder herzustellen, äusserlich in die Herzgrube eingerieben *(Martinet)*. Er muss jedesmahl mit Wasser gehörig verdünnt werden.

2). *Linimentum volatile*, die flüchtige Salbe. Eine Mischung von einem ausgepreſsten Oele mit dem flüchtigen Salmiakgeiſt; eines der gebräuchlichſten reizenden und zertheilenden Mittel: 1) Gegen örtliche Schmerzen von innern Entzündungen: in der Bräune, dem Seitenſtich, rheumatiſchen Schmerzen, in der Gicht und dem Podagra. 2) Gegen Koliken, in der Ruhr. 3) In der Waſſerſucht befördert es den Abgang des Urins; (*Desgeraud* von der Heilung einer Waſſerſucht durch den äuſſerlichen Gebrauch des Baumoels und Salmiakgeiſtes). 4) In paralytiſchen Zufällen in dem gelähmten Theil, gegen eine Schwäche in irgend einem Gliede. 5) Gegen kalte Geſchwulſte, in der Heiſerkeit, welche bey empfindlichen Perſonen zuweilen nach einem vorhergegangenen Schrecken entſteht; ſcirrhöſe Verhärtungen, und Bubonen?

Man kann dies Liniment noch würkſamer machen, wenn man zu jeder Unze noch eine Drachme Kampher ſetzt, oder es mit dem Oleo animal. Dippelii, Ol. cornu cervi verbindet.

3) *Sal volatile anglicanum ſiccum.*

4) *Spiritus ſalis ammoniaci aromaticus.*

5) *Spiritus ſalis ammoniaci vinoſus.*

NITRVM

NITRVM.
Der Salpeter.

Der Salpeter, wenn er fich auflöfst, erregt die Empfindung einer Kälte, und diefe wird felbft der Zunge beym Gefchmak mitgetheilt. Aufferhalb dem Körper befitzt er die Eigenfchaft das Gerinnen des Bluts zu verhindern, und es flüffig zu erhalten, wenn er damit vermifcht wird. Giefst man Waffer zu diefer Mifchung, fo gerinnt das Blut. (*Hewfon* Verfuche mit dem Blute). Diefe Würkungen haben faft alle Mittelfalze, der Alaun ausgenommen, und es laffen fich diefe Verfuche auch nicht auf die Würkungen im Körper anwenden.

Man benutzt den Salpeter als ein gelinde reizendes und zertheilendes Salz, hauptfächlich gegen Entzündungen im Munde, um die läftige Hize etwas zu mildern. In der Angina catarrhalis, der Relaxatio uvulae u. a., als Zufatz zu Gurgelwaffer.

SAL COMMVNE.
Das gemeine Kochfalz.

Diefes Mittelfalz wird feltener zu Bähungen und Umfchlägen angewendet, als die vorhin angeführten. Oefterer dagegen bey oedematöfen Gefchwulften, wo überhavpt trockne falzichte Umfchläge

fchläge eine gute Würkung leiften. Man läfst es vorher decrepitiren, und dann auf die Gefchwulft auflegen. In manchen Fällen verträgt es die Haut nicht, und wird leicht davon entzündet und fchmerzhaft.

Man fetzt Kochfalz fehr häufig zu reizenden Klyftiren, um die Würkung zu vermehren; unter allen ähnlichen reizenden Mitteln ift es das fchwächfte.

PRAEPARAT.

Spiritus Salis der Salzgeift. Wenn er mit Waffer oder einem angenehmen Syrup verdünnt wird, würkt er nicht als ein Aezmittel, fondern blos als ein zufammenziehendes Mittel. *Van Swieten* empfahl ihn als das würkfamfte Mittel, um der Fäulnifs im Zahnfleifch Einhalt zu thun, mit Waffer vermifcht; in hartnäckigen Fällen ohne alle andre Beymifchung. In den weichen Theilen des Mundes, heilt er die Fäulnifs gewifs und zuverläffig, felbft auch wenn die Knochen fchon angegangen find. Wider bösartige Gefchwüre in der Oberlippe, dem fogenannten Wafferkrebs (*Stelwagen* Beobachtungen von Gefchwüren an der Oberlippe). Gegen fchwammichte Auswüchfe an den Augenliedern und der Cornea *(van Wy)*.

Man

Man bedient sich des Salzgeistes in Verbindung mit Wasser, oder Rosenwasser dafs er nicht äzt, oder mit Rosenhonig vermischt, Tinctura Myrrhae u. a.

BORAX.

Er ist nicht so würksam als der Salmiak, und wird selten als ein zertheilendes Mittel gebraucht; am häufigsten in Augenentzündungen.

Gegen die Schwämmchen, und schwämmchen ähnliche Geschwüre im Halse, wird er mit Nutzen gegeben.

II. *Die Laugensalze.*

Das trockne flüchtige Laugensalz besitzt sehr würksame zertheilende Eigenschaften, allein auch zugleich einen so grossen Grad von Schärfe, dafs es für sich allein als ein auflösendes Mittel nicht kann benutzt werden: ungerechnet dafs es auch zu bald verfliegt.

Abilgaard (von dem äusserlichen Gebrauch des flüchtigen Alkali), verbindet ein fixes alkalisches Salz mit dem Salmiak, und läfst es in trockner Gestalt auflegen, dadurch wird dann das flüchtige Alkali aus dem Salmiak entbunden. Er rühmt diese Mischung als vorzüglich kräftig zur Zertheilung wäsrichter Geschwulste.

Gegen rheumatische Geschwulste, läfst er zu dieser Mischung aus Salmiak und fixem Alkali noch Kampher setzen, und um sie zugleich stärkend zu machen, aromatische Kräuter, in Fällen wo dieses erfordert wird. Die gute Würkung dieses Mittels braucht man vielleicht nicht lediglich dem flüchtigen Laugensalze zuzuschreiben, da der Salmiak schon allein sehr zertheilend ist.

Sapo vulgaris.
Die Seife.

Die Hauptwürkungen der Seife, hängen von dem Laugensalze ab, womit sie bereitet worden. Die gemeine Seife ist viel schärfer als die feinern Sorten; die venetianische ist die gelindeste.

Man bedient sich ihrer als ein zertheilendes Mittel in Form einer Bähung, oder als Breyumschlag: 1) Gegen Milchverhärtungen in den Brüsten. 2) Zur Zertheilung der Knoten in den Gelenken, welche sich bey dem Podagra ansetzen. 3) Zur Reinigung der Geschwüre und Hautausschläge, der Kräze, u. a. Man kann sie in Milch auflösen, in ungarischem Wasser (Aqua reginae Hunga-

Hungariae (S. 54.); oder auch fie blos fchmelzen, und als Pflafter anwenden. Als Zufatz zu Breyumfchlägen.

PRAEPARATE.

1) *Balfamus, Spiritus Saponis,* Seifenfpiritus; ein kräftiges zertheilendes, und ftärkendes Mittel.

2) *Emplaftrum Saponatum Barbette,* Ph. W. Aus Rofenoel, Bleyweis, Mennig, venetianifcher Seife und Kampher; gegen Verhärtungen.

3) *Oleum Saponis.*

SPIRITVS MINDERERI.
Mindererr Geift, Effigfalmiak.

Aus der Verbindung der Effigfäure mit einem flüchtigen Laugenfalze, entfteht eines der ftärkften zertheilenden und auflöfenden Mittel. Bey dem Gebrauch mufs es mit Waffer verdünnt werden. Es pafst blos 1) bey kalten Gefchwulften, wenn keine Entzündung mehr vorhanden ift. 2) Gegen Fleifchgefchwulfte; man hat felbft den Kropf dadurch zertheilt, gegen Balggefchwulfte. 3) Zur Zertheilung groffer Blutextravafate. Der Salmiak macht diefes Mittel entbehrlich.

Die

Die Bleymittel gehören in die Klaſſe der austrocknenden Mittel. Ihre Kraft zu zertheilen, iſt nur eine Nebeneigenſchaft, und nicht ſehr groſs.

Fünfte Klaſſe.
Fäulniſswidrige Mittel; *Antiſeptica.*

Man kann eigentlich nur von den äuſſerlichen antiſeptiſchen Mitteln behaupten, daſs ſie eine eigenthümliche Kraft beſitzen, die Fäulniſs zu verbeſſern, oder abzuhalten: von den innern Mitteln iſt dieſes ſehr zweifelhaft. Die Folgerungen welche man von dieſer Klaſſe auf die Anwendung in faulichten Krankheiten gemacht hat, haben zu mancherley Irrungen Veranlaſſung gegeben. Eine Subſtanz kann auſſerhalb dem Körper ſich ſehr fäulniſswidrig bezeigen, und demohngeachtet iſt ſie in faulichten Krankheiten ganz unkräftig und oft gar ſchädlich.

Die fäulniſswidrigen äuſſerlichen Mittel, laſſen ſich nach ihren Beſtandtheilen in vier Klaſſen abtheilen. Sie ſind 1) Aromatiſche, harzichte Subſtanzen.

ſtanzen. 2) Salze; ſowohl ſaure Salze, Mittelſalze und alkaliſche Salze. 3) Spirituöſe, geiſtige Mittel. 4) Die Kälte, bloſſe kalte Luft.

Die Würkungsart aller dieſer Subſtanzen läſst ſich leicht erklären. Sie verhindern, wenn ſie einem Körper beygemiſcht werden, der zur Fäulniſs geneigt iſt, die faule Gährung: theils, indem ſie die Faſern zuſammenziehen, verdichten und erhärten, oder daſs ſie die Feuchtigkeiten ausſaugen. Die kalte Luft verhindert die Entbindung der Theile, weil zur Entwickelung der Fäulniſs allemahl ein gewiſſer Grad von Wärme erforderlich iſt.

Die Anwendung dieſer Klaſſe von Mitteln geſchieht, wenn eine partielle Fäulniſs in irgend einem Theile des Körpers entſtanden iſt: 1) In dem kalten feuchten Brande, wo Theile würklich abgeſtorben, und die Fäulniſs ihren Anfang genommen hat. 2) In faulichten Geſchwüren; dieſe ſind beynahe nichts anders, als eine Art von Brand, auch in unreinen Geſchwüren mit Würmern. 3) In der Caries der Knochen; der Knochen iſt faul, abgeſtorben, und in einem dem Brande ähnlichen Zuſtande, die Zellen ſind mit einer faulen Jauche angefüllt, welche die Verderbniſs noch weiter verbreitet.

Es

Es ift aber nothwendig, dafs man unter diefen Mitteln nach der verfchiedenen Natur der Krankheit, und dem örtlichen Zuftande des Theils einen Unterfchied macht. Ift die Entzündung, welche allemahl vorhergeht, und durch ihre grofse Heftigkeit die Organifation zerftört, noch ftark, dann paffen blos die milden aromatifchen Gewächfe, und oft nicht einmahl für fich allein, fondern fie müffen mit erweichenden Mitteln verbunden werden.

Ift die Entzündung mäfsiger, und der Theil dagegen mehr leblos, fo nimmt man die geiftigen Mittel in Verbindung mit jenen zu Hülfe, die geiftigen Tincturen u. a.

Ift der Ausflufs der Jauche und der fäulichten Feuchtigkeiten grofs, fo gebraucht man die aromatifchen Kräuter in Pulver, und läfst fie trocken in die Stellen einftreuen.

Ift aber die Fäulnifs fehr ftark, dann paffen die ftärker adftringirenden Mittel, die Salze, die harzichten Tincturen, der Terpentin.

Die Caries der Knochen erfordert auffer den Mitteln, welche der Fäulnifs widerftehen, und den Nachtheil verhüten, der von der Stockung und der

Einfau-

Einfaugung der faulen Materie hervorgebracht wird,
noch Mittel, welche einen groſsen Theil des Knochens völlig tödten, und dadurch eine Abblätterung befördern, wie das glühende Eiſen.

Neben dieſen örtlichen Mitteln, werden in
den meiſten Fällen zugleich innre Mittel nothwendig, welche den Folgen, die aus dieſem örtlichen Uebel entſtehen, vorbeugen, und damit die Anſteckung andrer Theile verhütet wird. Der kalte und feuchte Brand erfordert innerlich dieſelbe Behandlung als das Faulfieber.

A. Aus dem Pflanzenreich.

I. Gewürzhafte, adſtringirende Mittel.

CORTEX PERVVIANVS.

Die Chinarinde.

Pringle, Percivall, Macbeide Verſ. über die antiſeptiſche Kraft der Chinarinde.

Die Chinarinde iſt unter allen fäulniſswidrigen Mitteln, ſowohl innerlich als äuſſerlich, eins der gebräuchlichſten. Sie verbeſſert den Zuſtand welcher im Körper durch die Fäulniſs hervorgebrach bracht ift, und hat zugleich dadurch auf das Geschwür Einfluſs. *Pringle* hat beobachtet, daſs ganz faules mürbes Fleifch, welches fchon zerflieſsen wollte, durch den Aufguſs der Fieberrinde wieder fefter geworden ift, und den üblen Geruch verlohr.

Die äufferlichen antifeptifchen Kräfte der Chinarinde, beruhen hauptfächlich auf ihre adftringirenden Beftandtheile; es ift daher nicht zu verwundern, daſs fo viele andre bittre, adftringirende Subſtanzen aus dem Pflanzenreich, die Chinarinde an Würkfamkeit weit übertreffen. Man zieht daher äufferlich zu Umfchlägen, zu Decocten, zum Einftreuen, diefe der Chinarinde mit Recht vor, wenn die Fäulniſs und der Ausfluſs ftark find. Dagegen paſst die Chinarinde mehr in den Fällen, wenn man durch Wiederherftellung der Spannkraft, in dem brandichten Theile eine gute Eiterung bewürken will, und die Gefahr und die Fortfchritte der Fäulniſs fo fehr groſs nicht find.

Man benutzt die Chinarinde 1) im kalten Brande und faulichten Gefchwüren. Gemeiniglich erfolgt bey dem Gebrauch derfelben, ein gewiffer Grad von Entzündung und Eiterung um der brandichten Stelle, wodurch fich der abgeftorbene
Theil

Theil von dem lebenden losrennt, und leicht hinweggenommen werden kann. 2) In gequetſchten Wunden welche ein übles faulendes Eiter geben, oder überhaupt in Wunden wenn das Eiter zu dünne und wäſricht iſt. 3) In der Caries der Knochen. 4) Zur Reinigung der Zähne, um das Zahnfleiſch zu ſtärken.

Man bedient ſich ihrer *zu Bähungen* mit andern aromatiſchen Mitteln: Herb. Scordii, Hyſſopi, Flor. Chamomillae, u. a. mit Waſſer, Eſſig, Wein gekocht, oder zu Breyumſchlägen, oder in Pulver eingeſtreut. *Zu Gurgelwaſſer* in der brandichten Bräune mit Alaun; bey faulendem Zahnfleiſch mit Spiritus Salis verbunden, oder in Pulver mit Roſenhonig, zu Injectionen um Geſchwüre zu reinigen; zu Klyſtiren.

CORTEX SALICIS.

Weidenrinde. (Salix Pentandra *L.*). Lorbeerweide, S. Fragilis *L.* Bruchweide, S. alba *L.* Silberweide.

Alle Arten der Weidenrinde ſind ſtärker zuſammenziehend als die Chinarinde. *Löffler* empfiehlt beſonders zum chirurgiſchen Behuf die Bruchweidenrinde (Salix fragilis), und hat ſie durchgehends ſtatt der Chinarinde, äuſſerlich mit

2. *Th.*   F   dem

dem beſten Erfolg angewendet, (*Richter* chir. Bibl. VII. B. S. 789.

Nach den Verſuchen von *Buchholz* (chymiſche Verſuche S. 61. u. f.), iſt die Goldweide (Salix vitellina *L.*) am kräftigſten antiſeptiſch; dann die Bruchweide (S. fragilis *L.*), nnd am ſchwächſten die Saalweide (Salix Caprea *L.*). *Greeve* gebrauchte die Rinde von Salix alba, um den üblen Geruch, bösartiger, fauler und krebshafter Geſchwüre zu verbeſſern, mit Nutzen. (Sammlungen auserleſener Abhandl. f. pr. A. VIII. B. S. 620.).

Cortex Hippocastani.

Aeſculus Hippocaſtanum *L.* Roſskaſtanie, wilde Kaſtanie.

Bucholz chymiſche Verſuche über einige der neueſten einheimiſchen antiſeptiſchen Subſtanzen.

Die wilde Kaſtanienrinde kömmt in ihren antiſeptiſchen Eigenſchaften, mit der Chinarinde überein. Auch das Extract nach garayiſcher Methode bereitet, iſt eben ſo kräftig als das Chinaextract, und kann dieſem ſehr wohl an die Seite geſetzt werden.

Die Eichenrinde, die Quaſſia, die Eſchenrinde (Cortex Fraxini) und ähnl., können ebenfalls als Subſtitute der Chinarinde benutzt werden.

Chamomilla.

Flores Chamomillae. (Matricaria Chamomilla *L.*).
Chamillenblumen.

Die trocknen Blumen find eines der allerkräftigften fäulnifswidrigen Mittel. Sie machen animalifche Subftanzen beynahe unverweslich. *Pringle* bewahrte ein Stück Fleifch in einem faturirten Aufgufs von Chamillenblumen während dem ganzen Sommer, und es blieb darinn vollkommen frifch. Sie verdienen daher in faulichten Gefchwüren und im Brande vor vielen andern Mitteln den Vorzug. Am würkfamften fcheinen fie in Pulver zu feyn, in den faulichten Theil eingeftreut.

Scordivm.

Herba Scordii. (Teucrium Scordium *L.*). Lachenknoblauch.

Das Kraut hat einen bittern Gefchmak, und einen ftarken Knoblauchsgeruch. Man benutzt es in Pulver und zu Umfchlägen in dem kalten Brande. Zur Reinigung unreiner Gefchwüre. Zu Gurgelwaffern in der Bräune. Als ein zertheilendes Mittel gegen Quetfchungen.

RVTA.

Herba Rutae. (Ruta graveolens *L.*). Weinraute.

Wenn die Raute frisch ist, besitzt sie eine Schärfe welche auf der Haut Blasen erregt, und sie kann selbst als ein Rubefaciens gebraucht werden. Durch das Trocknen wird diese Schärfe gröfstentheils gemildert.

Boerhaave und van *Swieten* empfahlen sie ihrer fäulnifswidrigen Eigenschaft wegen, gegen den kalten Brand. Man kann sie als Umschlag mit Wein oder Waſſer gekocht, oder auch in Pulver anwenden um die Fäulniſs zu verbeſſern. 2) Zur Reinigung unreiner Geschwüre oder Hohlgeschwüre. *Plenk* heilte durch die Einspriizung eines Rautendecocts ein übelriechendes Nasengeschwür. Zur Reinigung flieſſender Geschwüre im Gehörgange mit einem Theelöffel eingetropft. Gegen Geschwüre am Zahnfleisch von cariösen Zähnen als Gurgelwaſſer.

PRAEPARATE.

1) *Succus rutae recent. expreſſus*, der Saft aus dem frischen Kraute. Zum Verband fauler Geschwüre mit Würmern, mit Kalkwaſſer verbunden (*Plenck*).

2) *Acetum*

2) *Acetum rutae.*

3) *Oleum rutae,* gegen Zahnschmerzen.

Absinthium.

Herba Absinthii. (Artemisia Absinthium *L.*). Wermuth.

Wird auf eben die Art gebraucht als die Ruta, Scordium u. a.

Das Wermuthsalz ist als ein feuerfestes Laugensalz in einem beträchtlichen Grade antiseptisch. Ueberhaupt werden diese Salze wenig oder gar nicht benutzt, weil sie eine Kraft besitzen, gewisse thierische Theile aufzulösen, und sie scheinen auch die faserichten thierischen Substanzen anfänglich weich zu machen *(Pringle).* In Verbindung mit Säuren sind sie viel weniger antiseptisch, als wenn sie allein gebraucht werden.

Marrubium vulgare.

Arnica.

Radix, Flores, Summitates Arnicae. (Arnica montana *L.*).
Wolverlei, Fallkraut.

Buchholz über die antiseptischen Kräfte des Wolverlei.

Die Arnica ward lange zuvor, äusserlich als ein Hausmittel gebraucht, ehe man sie innerlich anwandte.

anwandte. Vorzüglich war fie als ein zertheilendes Mittel berühmt, nach Quetfchungen und äufferlichen Verlezungen.

Collin (Heilkräfte des Wolverlei in Fiebern und faulen Krankheiten), hat mit verfchiedenen Theilen derfelben antifeptifche Verfuche angeftellt, und verfichert, dafs die Wurzel eine fechs- oder fiebenmahl gröffere antifeptifche Eigenfchaft befitzt, als die Chinarinde. Diefe Verfuche fcheinen aber einigen Zweifeln unterworfen zu feyn. Zuverläffiger kann man nach den Erfahrungen von *Bucholz* annehmen, dafs die Arnica zwar in einem gewiffen Grade antifeptifche Eigenfchaften befitzt, allein dafs fie der Chinarinde weit nachfteht. Die Wurzel ift am ftärkften antifeptifch, fchwächer die Blätter, und am fchwächften die Blumen.

Würkfamer ift fie als ein reinigendes Mittel bey alten Gefchwüren, Hohlgefchwüren, u. a. Der Zufatz von Millefolium mildert ihren Reiz.

SERPENTARIA VIRGINIANA.

Radix ferpentariae virginianae. (Ariftolochia ferpentaria *L.*). Virginifche Schlangenwurzel.

Sie ift nach *Pringle* 120 mahl ftärker antifeptifch als das Seefalz, und wiirkfamer als die Chinarinde.

VALERIANA.

Radix Valerianae. (Valeriana filueftris *L.*). Der Baldrian.

Gehört ebenfalls zu den ftärkften antifeptifchen Subftanzen.

II. Harzichte Mittel.

CAMPHORA,

Der Kampher. (Laurus Camphora *L.*).

Unter allen harzichten Subftanzen ift der Kampher aufferhalb dem Körper das kräftigfte fäulnifswidrige Mittel. Nach den Verfuchen von *Pringle* ift er 300 mahl ftärker als das Seefalz. *Collin* verfichert, dafs er in bösartigen faulichten Gefchwüren und im Brande, mit dem beften Erfolg davon Gebrauch gemacht habe. Er liefs die brandichte Stelle mit Kampherpulver dick beftreuen, zuweilen diefe mit Kampherfchleim verbinden.

Auch

Auch in dem Beinfraſs iſt er ſehr würkſam. Für ſich allein iſt er zu flüchtig, dagegen benutzt man ihn am beſten mit Weingeiſt oder Eſſig aufgelöſst. In dieſer Verbindung werden auch zugleich noch ſeine Würkungen vermehrt.

PRAEPARATE.

1) *Spiritus vini Camphoratus.* Man empfiehlt den Kamphergeiſt hauptſächlich gegen den Brand, wenn die Theile weich und matſchig ſind. Er zieht ſie zuſammen und verhärtet ſie, und kann in ſolchen Fällen Nutzen haben. Hingegen wenn der Theil mit gangraenöſen Cruſten bedeckt iſt, paſſen geiſtige erhitzende Mittel, oder austrocknende Pulver niemals, ſondern vielmehr gelinde erweichende, etwas reizende, die Eiterung befördernde Salben, ſelbſt Breyumſchläge.

2) *Acetum Camphoratum.* Ein ſchwaches antiſeptiſches Mittel. Der Eſſig hat die Eigenſchaft, daſs er die thieriſchen Faſern in einem ziemlich ſtarken Grade erweichet.

MYRRHA.

Die Myrrhe.

Man hat der Myrrhe von jeher vorzügliche balſamiſche und antiſeptiſche Kräfte zugeſchrieben.

Nach

Nach den Verſuchen von *Pringle* beſitzt ſie dieſe zwar, allein in einem weit geringern Grade, als viele andre Mittel.

Man benutzt ſie ebenfalls: 1) Gegen den kalten Brand in die Einſchnitte geſtreut, wenn die Fäulniſs groſs iſt. 2) In cariöſen Knochengeſchwüren; doch finden ſolche austrocknende, fäulniſswidrige Mittel nicht ſo allgemein ſtatt, als man bisher angenommen hat (*van der Haar* Bemerkungen über die Schädlichkeit der austrocknenden Pulver bey cariöſen Knochen).

PRAEPARATE.

1) *Tinctura Myrrhae*, Myrrheneſſenz, Myrrhentinctur. Sie wird am beſten mit verſüſstem Salpetergeiſt bereitet (*Hahnemann*). Zur Reinigung der Geſchwüre, in der brandichten Bräune unter Gurgelwaſſer, auch gegen Geſchwüre im Munde, an der Zunge und im Halſe. Zum Verband fauler mit Würmern beſetzter Geſchwüre. In langwierigen Geſchwüren, welche wegen Erſchlaffung und Atonie der Theile nicht heilen wollen, iſt ſie ſehr hülfreich.

STYRAX LIQVIDA.

Der flüſſige Storax. (Liquidambar Styraciflua *L.*).

Der Storax wird durch das Auskochen der Aeſte erhalten, und gehört unter die ſchlechtern Balſame. Es iſt zähe, honigartig, von grauröthlicher Farbe, und einem ſtarken durchdringenden Geruch, der ſich dem wahren Storax (Styrax Calamita) nähert. Er iſt ſelten ächt, und gemeiniglich nichts anders als ein bloſes Gemiſch aus Storax, Myrrhe und Terpentin.

Praeparat.

Vnguentum de Styrace. Ph. W. Storaxſalbe. Aus Styr. liquid., Gummi Elemi, Colophonium, mit Wachs und Nuſsoehl zur Salbe gemacht. Sie widerſteht der Fäulniſs, und leiſtet in brandichten faulen Geſchwüren, beym Karfunkel, kleinen Brandflecken, u. a. gute Dienſte. Noch kräftiger wird ſie durch den Zuſatz von Ol. Terebinthinae.

OLEVM TEREBINTHINAE.

Terpentinoel, Terpentingeiſt.

Unter allen äuſſerlichen Mitteln, iſt, das Terpentinoel das ſtärkſte antiſeptiſche Mittel. Es dringt tief in die Theile ein, bewahrt ſie vor der Fäulniſs, nifs, und verhindert die Eiterung und Abfonderung der abgeftorbenen Theile von den lebenden nicht. Aus diefer Urfache ift es um fo wichtiger, ungerechnet dafs es zugleich weit kräftiger ift, als der Weingeift, und die Chinarinde, u. m.

Man benutzt es hauptfächlich: 1) in dem kalten feuchten Brande, wenn die Theile fehr faul und aufgelöfst find, um die Einfchnitte damit zu beftreichen *(Plenck)*. 2) in der Caries der Knochen, wenn die Fäulnifs ftark ift; dann verdient doch das glühende Eifen den Vorzug.

III. Säuren.

ACIDVM AEREVM.

Aer fixus. Die Luftfäure, fixe Luft.

Henri Experim. and Obfervat. Vol. III. Dobfon über die medic. Kräfte der fixen Luft.

Die fixe Luft ift in neuern Zeiten als eines der vorzüglichften antifeptifchen Mittel empfohlen worden, und man hat diefe Eigenfchaften hin und wieder durch wiederhohlte Verfuche beftätigt. *Macbride* benahm dem faulenden Fleifch den üblen Geruch durch diefe Luft, und das Fleifch ward felbft fefter darnach. Demohngeachtet fcheinen manche

manche Erfahrungen noch vielen Zweifeln unterworfen, und wenn man die Kraft der Luftart nach dem Grade der Säure abmifst, so kann sie allerdings nicht sehr grofs seyn.

In sehr vielen Krankheiten hat man die fixe Luft blos als ein Hülfsmittel, mit andern Arzneien zugleich gebraucht, welche die nämlichen fäulnifswidrigen Kräfte besaßen, und die fixe Luft unterstützen konnten. Allein man kann doch immer etwas auf die Luft rechnen. *Thouvenell* (von der Luft und den versch. Arten derselben), erklärt ihre antiseptische Kraft durch eine *würzende* Eigenschaft, wie dies bey den Säuren der Fall ist. . Wie sie innerlich würkt, davon ist im ersten Theile gehandelt.

Man empfiehlt die fixe Luft: 1) in *faulichten Geschwüren*. *Percivall* applicirte bey einem schmerzhaften Schwämmchenartigen Geschwür an der Zunge die fixe Luft, und bewürkte dadurch grofse Erleichterung. In bösartigen Geschwüren im Halse, hat sie verschiedentlich gute Würkung gehabt. Gegen bösartige Nasengeschwüre (Ozaena), lobt er sie als das beste topische Mittel. Auch *Champeaux* hat mehrere Beyspiele erzählt, welche die heilsamen Würkungen der fixen Luft, in

alten

alten Geſchwüren und unreinen Geſchwüren mit wildem Fleiſch beſtätigen (über den Einfluſs der Luft auf die chirurgiſchen Krankheiten. Samml. für pr. A. III. B. S. 696.). Nach andern Erfahrungen, hat die fixe Luft keinen Schaden, aber auch keine beſondre Würkung hervorgebracht. 2) *Gegen Krebsſchäden*, ſowohl als Heilmittel, als um die Schmerzen zu mildern. *Magellan* (von dem Gebrauch der fixen Luft bey Krebsſchäden), ließ ſie gegen den Krebs im Geſicht mit unerträglichen Schmerzen, verſuchen; und nach achttägiger Anwendung waren dieſe um vieles vermindert.

Nach andern Verſuchen, ward durch die Luft gemeiniglich nur der höchſt beſchwerliche Geruch getilgt, allein das Uebel blieb unverändert. *Iuſtamond* ließ die fixe Luft vermittelſt einer Blaſe, welche über das Geſchwür geſpannt wurde, daſs die atmoſphäriſche Luft gänzlich ausgeſchloſſen war, halbe und ganze Stunden an den Schaden leiten, ohne allen Erfolg. Dieſe Verſuche kann man indeſſen nicht auf faulichte Geſchwüre anwenden; denn im ſtrengen Verſtande, kann der Krebs keine faulichte Krankheit genannt werden, und die örtliche Beſchaffenheit krebshafter Theile iſt ganz von dem Zuſtande der Geſchwüre mit Fäulung verſchieden.

Man

Man wendet die fixe Luft am gewöhnlichſten in Dämpfen an, die aus einer Miſchung von Kreide und Vitrioloel aufſteigen, und leitet dieſe an den kranken Theil. Einige haben Waſſer gebraucht, welches mit fixer Luft impraegnirt war, und dieſes als eine Bähung aufgelegt. Würkſamer iſt ein Brey von gährenden Subſtanzen, z. B. Honig mit Mehl vermiſcht, woraus die fixe Luft erſt in dem Geſchwür ſelbſt, entwickelt wird. Als *Klyſtier* läſst man die fixe Luft durch Maſchienen, wie die Rauchtobaks-Klyſtirſprüzen, am beſten beybringen. (*Hey* von dem Nutzen der fixen Luft in Klyſtiren).

ACETVM VINI.

Acetum concentratum. Der Eſſig.

Der ſtärkſte Eſſig würkt als ein fäulnifswidriges Mittel. In dem gemeinen Eſſig hingegen, werden die thieriſchen Faſern erweicht, wenn ſie lange darinn aufbewahrt werden; und man bedient ſich öfters des Eſſigs bey äuſſerlichen topiſchen Entzündungen mit Waſſer verdünnt als eines zertheilenden Mittels.

Wenn man vegetabiliſche Säuren mit bittern oder zuſammenziehenden Subſtanzen verbindet, ſo wird

wird die antiſeptiſche Kraft, welche jede von dieſen Subſtanzen für ſich allein beſitzt, durch dieſe Verbindung verdoppelt. Die Fieberrinde, mit Eſſig verbunden, benimmt faulichten Subſtanzen die Fäulniſs weit eher. (*Macbride* Verſ. 27.). Man benutzt daher ſehr zweckmäſſig den Eſſig, als Zuſatz zu antiſeptiſchen Bähungen und Umſchlägen.

Verbindet man aber Laugenſalze mit Säuren, ſo wird die antiſeptiſche Kraft viel geringer, als wenn die Säuren oder die Laugenſalze allein gebraucht werden *(Pringle)*.

Die mineraliſchen Säuren ſind zu kauſtiſch und äzend, und können daher nicht benutzt werden.

IV. Mittelſalze.

Die Mittelſalze behaupten in der Reihe der antiſeptiſchen Mittel, keine unbeträchtliche Stelle. Dies beweiſst die Anwendung, welche man ſo häufig davon in der Oeconomie macht. Demohngeachtet müſſen ſie manchen harzichten Subſtanzen, z. B. der Myrrhe, und ſelbſt mehrern Pflanzen, an Würkſamkeit nachſtehen, den Chamillenblumen, der Serpentaria u. ähnl. Von manchen Salzen kann man keine Anwendung machen, weil ſie gewiſſe

wisse Nebenwürkungen besitzen, welche nachtheilig werden.

Die feuerfesten und flüchtigen Laugensalze: Sal Absinthii, Sal Tartari, Sal volatile Sal. ammoniac., Sal volatile cornu cervi, haben die unangenehme Eigenschaft, daß sie mit thierischen Theilen vermischt, einen höchst widerlichen Geruch erzeugen, und zu stark reizen; wiewohl sie sonst der Fäulniß kräftig Einhalt thun.

Manche Mittelsalze, z. B. der Alaun, sind in einem hohen Grade antiseptisch, allein sie adstringiren zu stark. Die metallischen Mittelsalze sind zu äzend: z. B. der Sublimat, ob er gleich sonst würklich antiseptisch ist, und in dieser Hinsicht auch von *Bierchen* u. m. gegen Krebsgeschwüre und unreine Geschwüre gebraucht wurde.

Ueberhaupt aber können die Mittelsalze blos allein beym feuchten Brande gebraucht werden, wo man sie mit aromatischen Krätern in Pulver einstreuen läfst, und so den Theil einsalzt und einpöckelt. Sie dringen sehr tief ein, und dörren die Theile aus. In faulen Geschwüren sind sie zu reizend.

Nach

Nach den Graden der Würkſamkeit, iſt der Salpeter am meiſten fäulnifswidrig, dann folgen der Salmiak, das Kochſalz, Sal digeſtivum Sylvii, Tartarus Tartariſatus, Tartarus ſolubilis, u. m.

Sechſte Klaſſe.
Aezende Mittel; *Cauſtica*.

Man verſteht unter Aezmittel, Subſtanzen, welche eine Kraft beſitzen, die feſten Theile des Körpers aufzulöſen, oder das Gewebe derſelben zu zerſtören. In Anſehung dieſer Eigenſchaften, ſind ſie in gewiſſen Graden von einander verſchieden. Gewöhnlich theilt man ſie 1) in eigentliche Aezmittel, *Cauſtica*, welche eine Brandcruſte erregen; 2) in *Veſicatoria*, wenn ſie Blaſen auf der Haut verurſachen; und 3) in *Rubefacientia*, welche blos die Haut widernatürlich roth machen. Die Cauſtiſchen Mittel unterſcheidet man noch beſonders in Cauteria actualia, wenn Brenninſtrumente dazu genommen werden, und Cauteria potentialia, wenn dieſes durch Aezmittel geſchieht.

Die Würkungen dieser Klasse von Arzneimitteln, erstrecken sich allein nur auf die lebenden Fasern. Die stärksten Blasenerregenden Mittel, würken nicht, wenn die Lebens-Principia aufhören. So lange aber noch einiger Stoff des Lebens in dem Theile vorhanden ist, so kann ihre Anwendung eine beträchtliche Reizung für den ganzen Körper werden, und in manchen Fällen einen kräftigen und heilsamen Gegenreiz verursachen.

Auf diese Eigenschaft gründet sich auch die Anwendung, welche man davon macht, um eine Ausleerung wäsrichter Säfte, oder einen Eiterabfluß zu erregen: so wie sie vermöge ihrer Kraft, die festen Theile aufzulösen und anzufressen, sehr geschickt sind, schwammichte Auswüchse in Geschwüren, wegzuäzen und zu zerstöhren.

Indessen sind nicht alle Substanzen, welche eine äzende Kraft besitzen, zu dieser Anwendung gleich brauchbar. Die mineralischen Säuren, zumahl in ihrem concentrirten Zustande, sind in einem hohen Grade äzend und zerstöhrend; allein da sie flüssige Körper sind, welche leicht weiter umherflössen, so werden sie nur selten angewendet. Dies ist auch der Fall mit einigen metallischen Aezmitteln, welche aus der Vereinigung mineralischer fcher Säuren mit metallifchen Körpern entftehen; wie z. B. der Spiesglanzbutter, deren Würkungen, weil fie beftändig flüffig ift, fich leicht zu weit über die beftimmte Gränze verbreiten. Andre hingegen, zumal der Höllenftein, find zum Zerfliessen nicht fo geneigt.

Manche Subftanzen befitzen nur dann eine äzende Eigenfchaft, wenn fie in offne Gefchwüre oder Wunden gebracht werden, auf der Haut hingegen find fie völlig unwirkfam. Von der Art find einige Queckfilberzubereitungen, der Brechweinftein (*Blizard*) u. ähnl., welche man in Gefchwüre ftreut, oder mit Salben verbindet, um diefe zu reinigen oder die Eiterung zu befördern.

A. Brennmittel; *Cauterifirmittel.*

Cauterium actuale.

CAVTERISATIO.

Das Cauterifiren.

Spiritus Diff. de Cauteriis actualibus feu de igne vt medicamento. Gott. 1784.

Das Brennen mit glühenden Inftrumenten gehört unter die älteften Heilmittel. HIPPOCRATES hielt

hielt die Krankheiten allein für incurabel, welche durch Brennen nicht beſſer werden.

In neuern Zeiten haben die Brenninſtrumente eine weniger ſchreckhafte Geſtalt erhalten; demohngeachtet, ſind ſie nicht ad genium ~~Jesu~~, und man macht nicht ſehr oft Gebrauch davon.

Das Feuer würkt, nachdem man es anwendet, auf eine ganz verſchiedene Weiſe. Im gelinden Grade iſt es ein kräftiges Reizmittel, hauptſächlich das langſame Brennen; mit Brenncylindern. Man bemerkt auch, daß der Nutzen um ſo gröſſer iſt, je empfindlicher das Feuer würkt.

Im ſtärkern Grade beſitzt das Feuer die Kraft auszutrocknen. Durch die Hize werden die ſchädlichen Feuchtigkeiten eingeſogen. Aus dieſem Grunde gebraucht man Brennmittel gegen die Caries der Knochen, wenn das Eiter in den Zellen ſtockt; wider die Caries des Thränenbeins, der Zähne, u. a. Auch die Heilung alter Geſchwüre kann dadurch befördert werden, daß man ein glühendes Eiſen, oder ein Kohlenfeuer, ſo nahe an den Theil bringt, als es der Kranke nur vertragen kann.

Im höchſten Grade hat das Feuer eine zerſtöhrende Kraft, und erregt dann eine Brandcruſte;

oder

oder verkohlt die Theile welche es berührte. In diefem Grade muſs man bisweilen zum Cauteriſiren Zuflucht nehmen: 1) um *Blutungen zu ſtillen,* wenn man der Beſchaffenheit des Theils wegen keine andre Mittel anwenden kann. Z. B. gegen Blutungen aus der Art. Ranina, aus dem Gaumen (*Warner*). Zuweilen auch zur Stillung der Blutung ſchwammichter Polypen. Gegen ſchwammichte Gewächſe am Zahnfleiſch u. a. 2) *Wider den tollen Hundsbiſs*, um das Gift zu zerſtöhren. *Celſu's* hat ſchon dieſe Methode empfohlen; und unter den Neuern *Dekker*, *Schmucker* u. a. Doch ſcheinen die Aezmittel hier die Stelle der Brennmittel hinlänglich zu erſetzen.

Einige franzöſiſche Aerzte haben ſelbſt die Sonnenſtrahlen, durch ein Brennglas concentrirt, als ein Medicament benutzt, und veraltete Geſchwüre, verborgene Krebsgeſchwüre, Froſtbeulen, Sackgeſchwulſte u. m. dadurch geheilt. (*Favre* in den Mem. de l'acad. de Chirurgie T. V.).

BRENNCYLINDER.

Moxa der Alten.

In den älteſten Zeiten, wo die Brennmittel einen ſo wichtigen Theil der Heilkunde ausmachten, bediente

bediente man sich mancherley Subſtanzen, in der Vorausſetzung, daſs die Beſtandtheile dieſer Materien ſelbſt in die Theile eindrängen. Die Chineſen und Japaneſen, gebrauchten vorzüglich die *Moxa*, oder kleine Kegel aus der Wolle der Artemiſia vulgaris, welche ſie auf den kranken Theil ſetzten und abbrennen lieſſen. Die Egypter machten ihre Brennkegel aus Baumwolle, die Araber brannten mit Schwämmen, und andre Völkerſchaften mit der Rinde von verſchiedenen Bäumen.

Unter den Neuern hat *Pouteau* das Verdienſt, die Anwendung dieſer Methode wieder mehr in Anſehen gebracht zu haben. Er änderte auch die Figur, und machte ſie völlig cylindriſch; Brenncylinder. Es iſt gleichviel, was für eine Subſtanz dazu genommen wird, wenn ſie nur brennbar iſt; gemeiniglich iſt es Baumwolle. Man macht die Cylinder ohngefähr einen Zoll im Durchſchnitt groſs, und die Baumwolle muſs weder zu feſt noch zu loſe zuſammengebunden ſeyn. Iſt ſie nicht feſt genug, ſo verlöſcht das Feuer leicht, iſt ſie zu feſt, ſo brennt der Cylinder nicht ganz bis auf den Grund, und der Endzweck wird verfehlt. Wenn man ihn aufſetzt, ſo befeuchtet man auch die Haut oder die Baſis des Cylinders, und erhält ihn durch einen Blaſebalg gehörig brennend.

Die

Die Würkung dieses Brennmittels im Vergleich mit den Brenninstrumenten, erstreckt sich nicht tiefer als durch die Haut, und diese wird in eine Cruste verwandelt. Sind die Schmerzen sehr heftig, oder sitzen sie tief, so ist ein Cylinder selten hinreichend, und man muss selbst wohl zwey oder drey auf dieselbe Cruste, oder wenigstens in der Nachbarschaft derselben ansetzen. Einige haben vorgeschlagen, die Brandstelle nachher in eine Fontanelle zu verwandeln, allein der Erfolg davon ist nicht sehr gross; überhaupt scheint die gute Würkung dieses Mittels, nicht sowohl auf die Ausleerung, als vielmehr auf die Reizung oder den Gegenreiz zu beruhen, welcher dadurch bewürkt wird. Es dringt tiefer ein als andre reizende Mittel.

Man macht davon Gebrauch: 1) zur Heilung anhaltender heftiger Schmerzen, hauptsächlich Gichtschmerzen, welche sich in irgend einem Theil festgesetzt haben, gegen alte Rheumatismen, das Hüftweh, Podagra. 2) Gegen Gelenkgeschwulste die von einer rheumatischen Metastase entstanden sind, wider die Steifigkeit der Gelenke. So lange die Krankheitsmaterie sich noch nicht festgesetzt hat, kann man sie von einem Theil zum andern damit treiben, und dann wird die unvorsichtige Anwendung derselben oft sehr nachtheilig.

B. Aezmittel; *Cauterium potentiale.*

LAPIS CAVSTICVS.

Alcali fixum caufticum. Aezſtein, äzendes fixes Laugenſalz; aus einer Lauge von Kalk und Pottaſche bis zur Trockne abgeraucht.

Das fixe Laugenſalz, wenn es von der Luftſäure gehörig befreyt iſt, welche ſich gewöhnlich darinn befindet, erhält eine kauſtiſche Eigenſchaft. Wenn es vollkommen äzend iſt, brauſst es mit Säuren nicht auf. An der Luft aber zerflieſst es, und verliert dann gröſstentheils ſeine Würkſamkeit.

In dieſem Zuſtande zerfriſst es die Haut, und erregt eine Brandcruſte; mit Waſſer bis auf einen Grad verdünnt, daſs es nicht äzt, würkt es als ein zuſammenziehendes und reinigendes Wundmittel.

Man macht Gebrauch davon: 1) als Aezmittel zur Eröffnung von Abſceſſen wenn der Kranke das Meſſer fürchtet. Zur Kur der Hydrocele (*Elſe, Duſſauſoy*). 2) Wenn man nächſt der Ausleerung noch die Eiterung befördern will. Bey Furunkeln, Bubonen. Doch verdient bey letztern das Meſſer den Vorzug, (*Clare* Eſſay on the cure of Abſceſſes by Cauſtics). 3) Um die Einſaugung anſteckender Materien zu verhüten. Man kann

kann bey dem tollen Hundsbifs durch Aezmittel verhindern, dafs das Gift nicht eingefogen wird, (*Hunter*). *Mederer* empfiehlt eine diluirte Auflöfung des Aezfteins zum Auswafchen der Wunde (Syntagma de rabie canina). *Fontana* gebrauchte es gegen den Bifs der Viper mit glücklichem Erfolg (über das Viperngift). Auch Chanker werden dadurch zerftöhrt, und die Einfaugung des yenerifchen Giftes verhindert (*Cruikfhank*).

Als ein reinigendes Mittel benutzt man die Auflöfung des Aezfteins: 1) beym Tripper zum Einfprüzen, und wenn der Reiz zu ftark ift, mit ein wenig Opium verbunden (*Girtanner*). 2) Zur Reinigung fiftulöfer, und unreiner Gefchwüre. Innerlich gegen den Nieren- und Blafenftein, (*Home*), zu 10 Tropfen, mit Milch oder Fleifchbrühe verdünnt. Das vormals berühmte Mittel von *Jurin* und *Chittik* gegen den Stein beftand aus Seifenfiederlauge. Der Stein wird nicht dadurch aufgelöfst, allein als ein gelinde zufammenziehendes Mittel kann es vielleicht die Difpofition zu Erzeugung der Steine verbeffern.

CALX

Calx viva.

Calx vsta. Gebrannter Kalk; lebendiger Kalk.

Wenn der Kalk in anhaltendem Feuer gebrannt wird, so verliert er die Luftfäure, und wird dann äzend. Er braufst nicht mit Säuren auf, erhitzt sich aber mit Waffer und zerfällt dann; die Laugenfalze werden dadurch äzend.

In alten Zeiten gebrauchte man den Kalk als ein Aezmittel gegen bösartige und faulichte Geschwüre; diese Anwendung wird nicht mehr davon gemacht, eben so wenig, wie *de Haen* that, dafs man gegen das Hüftweh Kalk mit Honig auf die schmerzhafte Stelle auflegt.

Der Kalk ist in Verbindung mit Seife ein sehr schickliches Mittel Muttermähler wegzubringen. *Zach. Vogel* brachte sie selbst aus dem Gesicht damit weg. Innerhalb zwölf Stunden wird das Mahl in eine trockne Crufte verwandelt, und durch die folgende Eiterung völlig weggebracht. Wenn das Mahl grofs ist, so muss das Aezmittel widerhohlt werden.

AQVA

AQVA PHAGEDAENICA.

Aus äzendem Sublimat in Kalkwaſſer aufgelöſt.

Dieſe Verbindung iſt weniger würkſam, als wenn man den Sublimat in bloſem Waſſer auflöſt. Der gröſte Theil des Queckſilbers wird durch das Kalkwaſſer niedergeſchlagen.

Man benutzt es hauptſächlich als ein reinigen. des äuſſerliches Mittel: 1) wider veneriſche Geſchwüre und veraltete Geſchwüre ohne Unterſchied mit Compreſſen aufgelegt. 2) Als Gurgelwaſſer bey Geſchwüren im Halſe, am Zapfen u. a. Das bloſſe Kalkwaſſer, zumal wenn es friſch bereitet iſt, iſt zu dieſer Abſicht vollkommen hinreichend, und wenn man eines ſtärkeren Aezmittels bedarf, die Auflöſung des Sublimats.

AERVGO.

Viride aeris, cuprum acetatum. Der Grünſpan. Kupferkalk mit Eſſigſäure verbunden.

Der Grünſpan wird für ſich allein nicht benutzt. Er war bey den Alten ein Ingredienz vieler Pflaſter und Salben, von welchen ebenfalls jetzt ſelten Anwendung gemacht wird.

PRAEPARATE.

1) *Vnguentum Aegyptiacum*; Oxymel aeruginis; aus Grünfpan mit Honig und Effig zur Confiftenz der Salbe gekocht. Gegen unreine Gefchwüre im Munde. Es ift äzend und reinigend.

2) *Vnguentum Apoftolorum.*

3) *Aqua viridis Hartmanni.* Aus Grünfpan, Alaun, Honig und Wein blos zufammengemifcht. Wider unreine, bösartige Gefchwüre, räudige Nägel (*Baldinger*).

4) *Aqua Sapphirina* Ph. Edinb.

ALVMEN VSTVM.
Der gebrannte Alaun.

Durch das Glühen des Alauns, verdünftet ein beträchtlicher Theil feines Cryftallifationswaffers, und die Vitriolfäure wird dadurch ftärker concentrirt. Er ift nur ein fchwaches Aezmittel, faugt die Feuchtigkeiten zugleich in fich, trocknet die Theile aus, und bildet dann eine harte Crufte.

Man bedient fich feiner: 1) um fchwammichte Auswüchfe in Gefchwüren zu zerftören, gegen den Schwamm am Nabel neugebohrner Kinder, und unreinen Gefchwüren überhaupt. Man
läfst

läſst ihn gepulvert einſtreuen. 2) Um die Abſonderung eines guten Eiters zu befördern, hauptſächlich wenn die Geſchwüre wegen Erſchlaffung viel und wäſsrichtes Eiter geben. Er ſtärkt die Theile und ſaugt die Feuchtigkeiten auf. 3) zum Wegäzen des Fells auf dem Auge mit Zucker vermiſcht.

Lapis infernalis.

Argentum nitratum. Der Höllenſtein; aus dem reinſten Silber in Salpetergeiſt aufgelöſt.

Der Höllenſtein wird gewöhnlich in dünne länglichte Stangen geformt. Er iſt ſchwarz von Farbe und trocken. An der freien Luft wird er feucht; doch geſchieht dieſes nicht ſo leicht, wenn das Silber, woraus er bereitet worden, recht fein iſt. Enthält das Silber Kupfer, ſo wird er grünlicht.

Zufolge ſeiner Würkungen, iſt der Höllenſtein eines der ſtärkſten Aezmittel, um ſo mehr wenn er aus feinem Silber bereitet worden. Er brennt die Theile ſobald er ſie berührt zu einer weiſſen Cruſte, welche bald nachher ſchwarz wird. Man benutzt ihn am ſicherſten in Wunden und Geſchwüren: 1) um das ſchwammichte Fleiſch wegzubeizen, weil man ihn immer in Gewalt hat, und weil ſeine Würkungen ſich nicht leicht über

die

die beſtimmten Gränzen hinaus verbreiten, wenn man anders bey der Anwendung nicht zu roh verfährt. Er kann in jeden Punct der Wunde gebracht werden, dabey würkt er augenblicklich ohne groſſe Schmerzen, und erregt von allen Aczmitteln am wenigſten Entzündung.

Man befeuchtet vorher die Stelle wo man ihn anwenden will, oder den Höllenſtein ſelbſt, nur nicht mit der Zunge; und dupft dieſe dann gelinde damit. *Hahnemann* nahm an ſehr wichtigen empfindlichen Theilen, ein ſpiz zuſammengerolltes Stück Löſchpapier in die linke Hand, und ſobald er mit dem Höllenſtein in der rechten, einen Druck angebracht hatte, ließ er die ausſiepernde Feuchtigkeit davon einſaugen; dies ſetzte er abwechſelnd ſo lange fort als nöthig war, ohne dem Kranken die mindeſte Empfindung verurſacht zu haben. 2) Zum Wegbeizen kleiner Fleiſchgewächſe; gegen Warzen iſt er eins der beſten Mittel, behutſam angewendet. 3) Zur Zerſtörung des veneriſchen Giftes in Chankergeſchwüren. Wenn der Chanker klein iſt und ohne merkliche Entzündung, kann man dadurch in kurzer Zeit das Uebel heben. Die Stelle muſs wiederhohlt betupft werden, damit das Geſchwür verſchiedene Schorfe abwirft, ehe es heilt, (*Simons* Bemerk. über die Heilung

Heilung des Trippers). Ift das Aezmittel nicht würkſam genug, daſs es blos reizt, ſo wird das Gift nur in den Umlauf des Bluts gebracht.

Mit Waſſer aufgelöſt, und gehörig verdünnt, beſitzt der Höllenſtein die Eigenſchaft der reinigenden Wundmittel. Zur Reinigung fiſtulöſer Geſchwüre, in der Thränenfiſtel (*Janin*), iſt er dann ein ſehr heilſames Mittel.

MERCVRIVS SVBLIMATVS CORROSIVVS.
Der äzende Sublimat.

Unter allen metalliſchen Salzen, iſt der Sublimat das ſtärkſte Aezmittel. Zu Anfang des vorigen Jahrhunderts, bediente man ſich einer Auflöſung deſſelben, um Naſengeſchwüre zu verzehren und wegzubeizen; dieſes Mittel ward nachher vergeſſen, bis man es aufs neue wieder in Gebrauch zog.

Am ſicherſten läſst man zum chirurgiſchen Gebrauch den Sublimat mit vielem Waſſer auflöſen, und in flüſſiger Form anwenden. Er würkt dann als ein gelinde äzendes, reinigendes Mittel, welches in Geſchwüren aller Art, mit ſichtbar gutem Erfolg angewendet wird. Hauptſächlich: 1) in *alten, ſchwam-*

fchwammichten Geſchwüren: Ueberhaupt iſt die Anwendung gelinde äzender und reizender Mittel gegen dieſe Schäden, eine wahre Bereicherung der Chirurgie. Die ſcorbutiſchen Geſchwüre vertragen die Queckſilbermittel nicht *(Plenk)*, und dies iſt nicht zu verwundern, weil beym Scorbut die Reizbarkeit des Körpers widernatürlich erhöht iſt, und reizende Mittel nothwendig ſchaden müſſen. Gegen veneriſche Geſchwüre im Halſe als Gurgelwaſſer, iſt die Auflöſung ſehr kräftig. Gegen den Kopfgrind als Waſchmittel; zum Wegbeizen der Feigwarzen. 2) In *Hautkrankheiten*, ſelbſt dem Ausſatz. 3) In *Augenentzündungen*; ſowohl bey veneriſchen, als den andern Arten; gegen die Hitze und das Jucken der Augenlieder, welchen Perſonen die viel bey Licht arbeiten müſſen, ausgeſetzt ſind; gegen die Flecken und Auswüchſe der Hornhaut. Man läſt einen Gran Sublimat in vier Unzen deſtillirtem Waſſer auflöſen *(Ware, Cullen)*. Zwey Gran Sublimat in einer Unze Waſſer aufgelöſt, würken ſchon als ein Aezmittel.

Die Anwendung des Sublimats als Pulver, in offne Geſchwüre eingeſtreut, iſt ſehr ſchmerzhaft und gefährlich. Man hat fürchterliche Convulſionen, und ſelbſt den Todt darnach entſtehen geſehen. Dies gilt aber nur von dem äuſſerſt rüden

und

und unwiffenden Gebrauch. *Willifon* liefs den Sublimat fein pulvern, und ihn dann in krebshafte Gefchwüre nachdem fie vorher mit warmen Waffer-ausgewafchen, von einem feinen Federmeffer rund um die Seiten ganz fein einftreuen, und ein Pflafter von Bafilicum darüber legen. Diefer Verband wird nach 24 Stunden abgenommen. Es entfteht in diefer Zeit eine Crufte welche fich ablöfst, und oft heilt das Gefchwür bey diefer Behandlung fehr bald (*Duncan* Medical Commentaries 1788).

MERCVRIVS PRAECIPITATVS RVBER.

Mercurius calcinatus ruber; rother Praecipitat, rother Queckfilberkalk. Aus Queckfilber mit Salpeterfäure verbunden.

Dies Queckfilbermittel ift ebenfalls äzend, und zugleich ftark austrocknend. Zuweilen ift es mit Mennig verfälfcht doch kann man dies leicht entdecken, wenn man es in einem eifernen Löffel zum völligen Glühen bringt. Ift der Praecipitat rein und unverfälfcht, fo mufs er gänzlich verfliegen, ohne irgend einen Rükftand nachzulaffen.

Man macht Gebrauch davon: 1) um alte Gefchwüre zu reinigen. In Gefchwüren mit fchwammichten Auswüchfen, gegen den Callus den erweichende Mittel allein, nicht fchmelzen können. In hartnäckigen Hautkrankheiten, in der Kräze als Salbe. Zur Heilung der eiternden Augenentzündung, in den Drüfen der Augenlieder (Pforophthalmie); gegen den Kopfgrind. 2) Zur *Beförderung der Eiterung*. In Drüfenentzündungen welche fchwer eitern. Er ift eins der zweckmäffigften Mittel zu diefem Endzweck, weil er fchwer aufgelöft wird, und nicht leicht zerfliefst, dagegen beftändig fort als ein fremder Reiz wirkt. Man läfst ihn entweder als *Pulver* in die Gefchwüre ftreuen, oder mifcht ihn unter Salben: Vnguent. Bafilic., Vng. Digeftiv. u. a.; dadurch wird feine Kraft fehr vermindert. Sezt man den Gebrauch zu lange fort, so kann felbft ein Speichelflufs entftehen.

PRAEPARAT.

Vnguentum ophthalmicum rubrum, Balfamus ophthalmicum St. Yves Ph. W.

MERCV-

MERCVRIVS PRAECIPITATVS ALBVS.

Weiſſer Praecipitat. Aus Salpeterſäure und Queckſilber.

Kaſtelein von der beſten Bereitungsart des weiſſen Queckſilberniederſchlags in Crells chem. Annalen. 1791. 17. St.

Der weiſſe Queckſilber Niederſchlag iſt ein gelinderes Aezmittel als die vorigen, und ebenfalls austroknend. Man gebrauchte ihn lange als ein vorzügliches Mittel gegen die Kräze, und er macht den Hauptbeſtandtheil der Werlhoffchen Krätzſalbe aus. Wider kleine eiternde Ausschläge und Geſchwüre im Geſicht oder der Naſe, welche oft ungemein läſtig ſind, iſt er ebenfalls wirkſam. Man läſst ihn mit einer Salbe, z. B. Vnguent. pomadinum, oder Vng. Roſatum zuſammenreiben.

Der weiſſe Praecipitat iſt auch ein Beſtandtheil verſchiedener weiſſer Schminkmittel, und anderer Mittel gegen die Flecken der Haut, die Sommerſproſſen, u. a. Dieſe Anwendung kann bey einem anhaltenden Gebrauch ſehr nachtheilig werden. Man hat in einigen Fällen ſelbſt einen Speichelfluſs, übelriechenden Athem, und Verderbniſs der Zähne darnach beobachtet.

H 2   VNGVEN-

Vngventvm citrinvm Pharm. Edinb.

Die gelbe Salbe.

Diese Salbe wird aus einer Unze Queckſilber und zwey Unzen Scheidewaſſer bereitet, welche mit einander im Sandbade ſo lange digerirt werden, bis das Queckſilber völlig aufgelöſst iſt, dann vermiſcht man die Auflöſung wenn ſie noch völlig warm iſt, mit einem Pfunde zerlaſſenen Schweineſchmalz, und läſst ſie ſo lange ſtark reiben, daſs eine Salbe entſteht.

Wenn die Salbe gut zubereitet iſt, ſo iſt ſie hart und hat eine dunkelgelbe Farbe. Hat man aber das gehörige Verhältniſs nicht beobachtet, oder iſt das Schweinefett zu heiſs oder zu kalt, ſo iſt die Farbe ſowohl, als die Conſiſtenz verſchieden, und die Salbe iſt auch nicht ſo wirkſam.

Ware empfiehlt ſie als ein vorzügliches Mittel in der Pſorophthalmie. Er läſst mit der Spitze des Zeigefingers, oder einem feinen Pinſel, die Salbe in die kranken Augenlieder beym Schlafengehen einreiben, und dann ein weiches Pflaſter, welches mit Cérat beſtrichen iſt, ganz locker über die Augenlieder binden. Dadurch werden die Augenlieder die Nacht über feucht und biegſam erhalten, und das Zuſammenkleben verhütet (Bemerkungen

kungen über die Pforophthalmie). Gegen die Flechten und andre Hautausfchläge, ift fie ebenfalls zum Einreiben fehr wirkfam. Das Queckfilber wird in diefer Verbindung nicht fo leicht eingefogen. Bisweilen ift fie nur zu ftark äzend.

ARSENICVM.
Der weiffe Arfenik.

Thilenius von dem Gebrauch des Arfeniks in Krebsfchäden; Bergard von dem Nutzen des äufferlichen Gebrauche des Arfeniks; Iuftamond von Heilarten in Krebsgefchwüren.

Der Arfenik kömmt im Allgemeinen in feinen Wirkungen, mit dem äzenden Sublimat überein. Er löft fich in Säuren, Oelen und Waffer auf, und felbft aufferhalb dem Körper wirkt er, unvorfichtig gebraucht, als ein Gift.

Die Anwendung des Arfeniks als ein Medicament, ift fehr alt. Er war lange ein Hauptbeftandtheil verfchiedener geheimer Mittel gegen den Krebs und bösartige Gefchwüre, welche ihres guten Erfolgs wegen berühmt waren; doch fehlt es auch nicht an traurigen Nachrichten, dafs nach dem äufferlichen Gebrauch fürchterliche Zufälle entftanden find. Man darf ihn nie anders, als mit gröfster Vorficht anwenden.

In neuern Zeiten hat *le Febure* zuerſt wieder den Gebrauch deſſelben in Krebsſchäden empfohlen, ſowohl innerlich als äuſſerlich: und ſeit dem hat man vielfältig mit ſehr groſſem Vortheil, zur Heilung dieſer Krankheit, ſich des Arſeniks bedient. Unter allen äuſſern Mitteln iſt er noch am meiſten hülfreich, wiewohl es auch manche Fälle giebt, wo er nichts leiſtet.

Der Hauptpunkt bey dem Gebrauch des Arſeniks, beſteht darinn, daſs man ihn bis auf einen gewiſſen Grad ſchwächt, und ſeine heftigen Wirkungen mildert. Er verurſacht dann wenig Reiz und Schmerzen, vielmehr bewirkt er eine mäſſige Entzündung, wodurch ſich die kranken Theile von dem geſunden abſondern. Kein andres Aezmittel wirkt auf das Krebsübel ſo, wie der Arſenik zu thun pflegt. Oft geht aber dieſe Wirkung nicht weiter als bis auf einen gewiſſen Punct.

Am ſicherſten bedient man ſich des Arſeniks nach der Methode von *Iuſtamond* in einer Salbe, wozu man noch etwas Opium ſetzt. Man nimmt drey bis vier Gran Arſenik, zehn Gran Opium, und eine Drachme Cerat, davon ſtreicht man äuſſerſt dünne auf Leinwand; die Krankheit wird dadurch in ihrem Fortgange aufgehalten, und zugleich

gleich die Schmerzen geftillt. Diefe Methode aber erfordert lange Zeit. *Le Febure* gebrauchte eine Auflöfung des Arfeniks mit Waffer als Wafchmittel. Er liefs vier Gran Arfenik in zwey Pfund deftillirtem Waffer auflöfen, und damit täglich einigemale das Gefchwür auswafchen. Auch in Subftanz als Pulver, hat man den Arfenik in die Gefchwüre eingeftreut; diefe Anwendung ift am allerfchmerzhafteften, und zugleich der Einfaugung wegen am gefährlichften.

Iuftamond bediente fich einer Bereitung aus Arfenik und Schwefel zur Dämpfung des unerträglichen Geruchs der Krebsgefchwüre mit groffem Nutzen. Er liefs vier Pfund höchft fein pulverifirten Schwefel, und ein Pfund weiffen Arfenik mit einander vermifchen, und in einer gläfernen Retorte fchmelzen. Die am Boden befindliche fefte Maffe, wird zum Gebrauch pulverifirt, das Sublimirte aber als eine unnüze Subftanz weggeworfen. Zuweilen liefs er damit allein das Gefchwür dünne beftreuen, oder mit der Hälfte Zinkblumen gemifcht. Diefes milde Mittel, mufs demohngeachtet mit Behutfamkeit gebraucht werden.

Die arfenikalifche Salbe ift auch in hartnäkigen bösartigen Gefchwüren, und in fcrophulöfen aufgebrochenen Drüfen ein fehr wirkfames Heilmittel.

AVRIPIGMENTVM.

Rauschgelb; Arsenik mit dem zehnten Theil Schwefel verbunden.

Rönnow vom glücklichen Gebrauch des Arseniks äusserlich, in d. Schwed. Abhandl. v. J. 1776.

Die alten Aerzte gebrauchten das Auripigment zur Reinigung der Geschwüre im Halse. Rönnow liefs es in dünnen Scheiben auf krebsartige Geschwüre legen, und heilte dadurch Krebsschäden an den Lippen und Brüsten. Diese Anwendung ist sehr schmerzhaft. Mit Digestivsalbe verbunden, empfiehlt es *Plenk* gegen die Rhagades an Händen und Füssen, welche oft allen Mitteln widerstehen.

Es ist ein Ingredienz verschiedener vormals berühmter Mittel gegen den Krebs.

BVTYRVM ANTIMONII.

Antimonium salitum. Spiesglanzbutter. Aus dem metallischen Theile des Spiesglanzes in dephlogistischer Salzsäure aufgelöst.

Ein flüssiges Aezmittel von weislicht gelber Farbe, welches sehr heftig wirkt, und eine grosse Schärfe besizt. Man benuzt es meistens blos zum wegäzen kleiner widernatürlicher Excrescenzen, der Warzen, u. a. In Geschwüren, oder wenn man eine

eine grosse Stelle beizen will, darf man davon nicht Gebrauch machen; es verbreitet sich leicht zu weit, und man kann die Entzündung und den Reiz nicht mäſsigen.

Ianin hat dies Aezmittel vorzüglich gegen das Staphyloma und die Flecken der Hornhaut empfohlen: man läſst die Stellen ganz dünne damit beſtreichen, und um den Reiz zu mildern gleich darauf das Aezmittel mit lauwarmer Milch abwaſchen. Dieſe Behandlung iſt nicht allemal ſicher und zweckmäſſig.

ACIDA MINERALIA.
Die Mineralſäuren.

Die gebräuchlichſten mineraliſchen Säuren: die *Vitriolſäure*, *Salpeterſäure*, *Salzſäure*, ſind in ihrem concentrirten Zuſtande, und zwar je mehr ſie dephlogiſtiſirt ſind, ſehr äzend. Die Salpeterſäure iſt am meiſten dephlogiſtiſirt.

Sie werden ſehr ſelten gebraucht, weil ſie ſo leicht umherflieſſen, und zu weit ſich erſtrecken; am gewöhnlichſten zum Wegäzen kleiner Fleiſchgewächſe, der Warzen, kleiner Balggeſchwulſte. Mit Waſſer verdünnt, würken ſie als ein reinigendes, zuſammenziehendes Mittel.

H 5 OLEA

OLEA AETHEREA.

Die aetherischen Oele sind meistens sehr scharf, so, daſs sie selbst die Knochen angreifen; besonders die, welche aus den feinern Gewürzen bereitet werden. Man gebraucht sie zur Stillung der Zahnschmerzen, wenn diese von einem hohlen Zahn, oder von Caries herrühren, mit Baumwolle angelegt.

SACCHARVM.
Der Zucker.

Der Zucker würkt, wenn man ihn in offne Geschwüre streut, als ein gelindes Aezmittel, und als Reinigungsmittel unreiner schwammichter Geschwüre. Diese Eigenschaften hängen am meisten von der Zuckersäure ab.

Gegen die Flecken der Hornhaut empfiehlt *Baldinger* (Pharmac. Edinb. p. 368.) eine Mischung aus gleichen Theilen Zucker, weiſsen oder rothen Bolus und Cremor Tartari; welche man fein gepulvert, ohne zu reizen, ins Auge blasen läſst. Aus eigner Erfahrung kann ich dieses Mittel sehr empfehlen. In die Nase geschnupft, wirkt der Zucker als ein Niesemittel. Unter Klystire bey kleinen Kindern vermehrt er den Reiz.

B. Bla-

3. Blasenerregende Mittel; *Vesicatoria*.

Engel Diss. de explicandis generalioribus vesicantium effectibus. Halae. 1774. *Pouteau praktische Bemerkungen über den Gebrauch der Blasenpflaster in verschiedenen Krankheiten. Percival von dem Nutzen und der Wirkung der Blasenpflaster.*

CANTHARIDES.

Emplastrum Vesicatorium.

[Bla]senpflaster, spanische Fliegenpflaster. Wird aus den spanischen Fliegen (Meloe vesicatorius) bereitet.

Die Wirkungen der spanischen Fliegen, daſs [sie] auf der Haut Blasen ziehen, waren den Alten [nich]t unbekannt; allein sie machten wenig Ge[brau]ch davon, weil sie sie als ein gefahrvolles [Mit]tel fürchteten. Bis zum XVII Jahrhundert konn[ten] die Aerzte nicht alle Furcht ablegen. Im Jahr [16]76 gebrauchte sie *Mercurialis* in der Pest, [und] er hat zu ihrem nachmaligen allgemeinen Ge[brau]ch sehr vieles beygetragen.

Auſser

michten Auswüchfen, gegen den Callus den erweichende Mittel allein, nicht fchmelzen können. In hartmäckigen Hautkrankheiten, in der Kräze als Salbe. Zur Heilung der eiternden Augenentzündung, in den Drüfen der Augenlieder (Pforophthalmie); gegen den Kopfgrind. 2) Zur *Beförderung der Eiterung.* In Drüfenentzündungen welche fchwer eitern. Er ift eins der zweckmäfsigften Mittel zu diefem Endzweck, weil er fchwer aufgelöfst wird, und nicht leicht zerfliefst, dagegen beständig fort als ein fremder Reiz wirkt. Man läfst ihn entweder als *Pulver* in die Gefchwüre ftreuen, oder mifcht ihn unter Salben: Vnguent. Bafilic., Vng. Digeftiv. u. a.; dadurch wird feine Kraft fehr vermindert. Sezt man den Gebrauch zu lange fort, fo kann felbft ein Speichelflufs entftehen.

PRAEPARAT.

Vnguentum ophthalmicum rubrum, Balfamus ophthalmicum St. Yves Ph. W.

MERCVRIVS PRAECIPITATVS ALBVS.

Weißer Praecipitat. Aus Salpeterſäure und Queckſilber.

*Kaſtelein von der beſten Bereitungsart des weißen
Queckſilberniederſchlags in Crells chem. Annalen. 1791. 17. St.*

Der weiße Queckſilber Niederſchlag iſt ein gelinderes Aezmittel als die vorigen, und ebenfalls austroknend. Man gebrauchte ihn lange als ein vorzügliches Mittel gegen die Kräze, und er macht den Hauptbeſtandtheil der Werlhoffſchen Kräzſalbe aus. Wider kleine eiternde Ausſchläge und Geſchwüre im Geſicht oder der Naſe, welche oft ungemein läſtig ſind, iſt er ebenfalls wirkſam. Man läſst ihn mit einer Salbe, z. B. Vnguent. pomadinum, oder Vng. Roſatum zuſammenreiben.

Der weiße Praecipitat iſt auch ein Beſtandtheil verſchiedener weißer Schminkmittel, und anderer Mittel gegen die Flecken der Haut, die Sommerſproſſen, u. a. Dieſe Anwendung kann bey einem anhaltenden Gebrauch ſehr nachtheilig werden. Man hat in einigen Fällen ſelbſt einen Speichelfluſs, übelriechenden Athem, und Verderbniſs der Zähne darnach beobachtet.

Vnguentum citrinum Pharm. Edinb.

Die gelbe Salbe.

Diese Salbe wird aus einer Unze Queckfilber und zwey Unzen Scheidewaſſer bereitet, welche mit einander im Sandbade ſo lange digerirt werden, bis das Queckſilber völlig aufgelöſt iſt, dann vermiſcht man die Auflöſung wenn ſie noch völlig warm iſt, mit einem Pfunde zerlaſſenen Schweineſchmalz, und läſst ſie ſo lange ſtark reiben, daſs eine Salbe entſteht.

Wenn die Salbe gut zubereitet iſt, ſo iſt ſie hart und hat eine dunkelgelbe Farbe. Hat man aber das gehörige Verhältniſs nicht beobachtet, oder iſt das Schweinefett zu heiſs oder zu kalt, ſo iſt die Farbe ſowohl, als die Conſiſtenz verſchieden, und die Salbe iſt auch nicht ſo wirkſam.

Ware empfiehlt ſie als ein vorzügliches Mittel in der Pſorophthalmie. Er läſst mit der Spitze des Zeigefingers, oder einem feinen Pinſel, die Salbe in die kranken Augenlieder beym Schlafengehen einreiben, und dann ein weiches Pflaſter, welches mit Cerat beſtrichen iſt, ganz locker über die Augenlieder binden. Dadurch werden die Augenlieder die Nacht über feucht und biegſam erhalten, und das Zuſammenkleben verhütet (Bemerkungen

kungen über die Pforophthalmie). Gegen die Flechten und andre Hautausschläge, ist sie ebenfalls zum Einreiben sehr wirksam. Das Queckfilber wird in dieser Verbindung nicht so leicht eingesogen. Bisweilen ist sie nur zu stark äzend.

ARSENICVM.
Der weiſſe Arſenik.

Thilenius von dem Gebrauch des Arſeniks in Krebsſchäden; Bergard von dem Nutzen des äuſſerlichen Gebrauchs des Arſeniks; Iuſtamond von Heilarten in Krebsgeſchwüren.

Der Arſenik kömmt im Allgemeinen in ſeinen Wirkungen, mit dem äzenden Sublimat überein. Er löſt ſich in Säuren, Oelen und Waſſer auf, und ſelbſt auſſerhalb dem Körper wirkt er, unvorſichtig gebraucht, als ein Gift.

Die Anwendung des Arſeniks als ein Medicament, iſt ſehr alt. Er war lange ein Hauptbeſtandtheil verſchiedener geheimer Mittel gegen den Krebs und bösartige Geſchwüre, welche ihres guten Erfolgs wegen berühmt waren; doch fehlt es auch nicht an traurigen Nachrichten, daſs nach dem äuſſerlichen Gebrauch fürchterliche Zufälle entſtanden ſind. Man darf ihn nie anders, als mit gröſster Vorſicht anwenden.

In neuern Zeiten hat *le Febure* zuerſt wieder den Gebrauch deſſelben in Krebsſchäden empfohlen, ſowohl innerlich als äuſſerlich: und ſeit dem hat man vielfältig mit ſehr groſſem Vortheil, zur Heilung dieſer Krankheit, ſich des Arſeniks bedient. Unter allen äuſſern Mitteln iſt er noch am meiſten hülfreich, wiewohl es auch manche Fälle giebt, wo er nichts leiſtet.

Der Hauptpunkt bey dem Gebrauch des Arſeniks, beſteht darinn, daſs man ihn bis auf einen gewiſſen Grad ſchwächt, und ſeine heftigen Wirkungen mildert. Er verurſacht dann wenig Reiz und Schmerzen, vielmehr bewirkt er eine mäſſige Entzündung, wodurch ſich die kranken Theile von dem geſunden abſondern. Kein andres Aezmittel wirkt auf das Krebsübel ſo, wie der Arſenik zu thun pflegt. Oft geht aber dieſe Wirkung nicht weiter als bis auf einen gewiſſen Punct.

Am ſicherſten bedient man ſich des Arſeniks nach der Methode von *Iuſtamond* in einer Salbe, wozu man noch etwas Opium ſetzt. Man nimmt drey bis vier Gran Arſenik, zehn Gran Opium, und eine Drachme Cerat, davon ſtreicht man äuſſerſt dünne auf Leinwand; die Krankheit wird dadurch in ihrem Fortgange aufgehalten, und zugleich

gleich die Schmerzen geſtillt. Dieſe Methode aber erfordert lange Zeit. *Le Febure* gebrauchte eine Auflöſung des Arſeniks mit Waſſer als Waſchmittel. Er ließ vier Gran Arſenik in zwey Pfund deſtillirtem Waſſer auflöſen, und damit täglich einigemale das Geſchwür auswaſchen. Auch in Subſtanz als Pulver, hat man den Arſenik in die Geſchwüre eingeſtreut; dieſe Anwendung iſt am allerſchmerzhafteſten, und zugleich der Einſaugung wegen am gefährlichſten.

Iuſtamond bediente ſich einer Bereitung aus Arſenik und Schwefel zur Dämpfung des unerträglichen Geruchs der Krebsgeſchwüre mit groſſem Nutzen. Er ließ vier Pfund höchſt fein pulveriſirten Schwefel, und ein Pfund weiſſen Arſenik mit einander vermiſchen, und in einer gläſernen Retorte ſchmelzen. Die am Boden befindliche feſte Maſſe, wird zum Gebrauch pulveriſirt, das Sublimirte aber als eine unnüze Subſtanz weggeworfen. Zuweilen ließ er damit allein das Geſchwür dünne beſtreuen, oder mit der Hälfte Zinkblumen gemiſcht. Dieſes milde Mittel, muſs demohngeachtet mit Behutſamkeit gebraucht werden.

Die arſenikaliſche Salbe iſt auch in hartnäkigen bösartigen Geſchwüren, und in ſcrophulöſen aufgebrochenen Drüſen ein ſehr wirkſames Heilmittel.

AVRIPIGMENTVM.

Rauschgelb; Arsenik mit dem zehnten Theil Schwefel verbunden.

Rönnow vom glücklichen Gebrauch des Arseniks äusserlich, in d. Schwed. Abhandl. v. J. 1776.

Die alten Aerzte gebrauchten das Auripigment zur Reinigung der Geschwüre im Halse. *Rönnow* liefs es in dünnen Scheiben auf krebsartige Geschwüre legen, und heilte dadurch Krebsschäden an den Lippen und Brüsten. Diese Anwendung ist sehr schmerzhaft. Mit Digestivsalbe verbunden, empfiehlt es *Plenk* gegen die Rhagades an Händen und Füssen, welche oft allen Mitteln widerstehen.

Es ist ein Ingredienz verschiedener vormals berühmter Mittel gegen den Krebs.

BVTYRVM ANTIMONII.

Antimonium salitum. Spiesglanzbutter. Aus dem metallischen Theile des Spiesglanzes in dephlogistischer Salzsäure aufgelöst.

Ein flüssiges Aezmittel von weislicht gelber Farbe, welches sehr heftig wirkt, und eine grosse Schärfe besizt. Man benuzt es meistens blos zum wegäzen kleiner widernatürlicher Excrescenzen, der Warzen, u. a. In Geschwüren, oder wenn man eine

eine groſſe Stelle beizen will, darf man davon nicht Gebrauch machen; es verbreitet ſich leicht zu weit, und man kann die Entzündung und den Reiz nicht mäſſigen.

Janin hat dies Aezmittel vorzüglich gegen das Staphyloma und die Flecken der Hornhaut empfohlen: man läſst die Stellen ganz dünne damit beſtreichen, und um den Reiz zu mildern gleich darauf das Aezmittel mit lauwarmer Milch abwaſchen. Dieſe Behandlung iſt nicht allemal ſicher und zweckmäſſig.

ACIDA MINERALIA.
Die Mineralſäuren.

Die gebräuchlichſten mineraliſchen Säuren: die *Vitriolſäure*, *Salpeterſäure*, *Salzſäure*, ſind in ihrem concentrirten Zuſtande, und zwar je mehr ſie dephlogiſtiſirt ſind, ſehr äzend. Die Salpeterſäure iſt am meiſten dephlogiſtiſirt.

Sie werden ſehr ſelten gebraucht, weil ſie ſo leicht umherflieſſen, und zu weit ſich erſtrecken; am gewöhnlichſten zum Wegäzen kleiner Fleiſchgewächſe, der Warzen, kleiner Balggeſchwulſte. Mit Waſſer verdünnt, würken ſie als ein reinigendes, zuſammenziehendes Mittel.

OLEA AETHEREA.

Die aetherifchen Oele find meiftens fehr fcharf, fo, dafs fie felbft die Knochen angreifen; befonders die, welche aus den feinern Gewürzen bereitet werden. Man gebraucht fie zur Stillung der Zahnfchmerzen, wenn diefe von einem hohlen Zahn, oder von Caries herrühren, mit Baumwolle angelegt.

SACCHARVM.
Der Zucker.

Der Zucker würkt, wenn man ihn in offne Gefchwüre ftreut, als ein gelindes Aezmittel, und als Reinigungsmittel unreiner fchwammichter Gefchwüre. Diefe Eigenfchaften hängen am meiften von der Zuckerfäure ab.

Gegen die Flecken der Hornhaut empfiehlt *Baldinger* (Pharmac. Edinb. p. 368.) eine Mifchung aus gleichen Theilen Zucker, weiffen oder rothen Bolus und Cremor Tartari; welche man fein gepulvert, ohne zu reizen, ins Auge blafen läfst. Aus eigner Erfahrung kann ich diefes Mittel fehr empfehlen. In die Nafe gefchnupft, wirkt der Zucker als ein Niefemittel. Unter Klyftire bey kleinen Kindern vermehrt er den Reiz.

B. Bla-

B. Blasenerregende Mittel; *Vesicatoria.*

Engel Diss. de explicandis generalioribus vesicantium effectibus. Halae. 1774. Pouteau praktische Bemerkungen über den Gebrauch der Blasenpflaster in verschiedenen Krankheiten. Percival von dem Nutzen und der Wirkung der Blasenpflaster.

CANTHARIDES.

Emplastrum Vesicatorium.

Blasenpflaster, spanische Fliegenpflaster. Wird aus den spanischen Fliegen (Meloe vesicatorius) bereitet.

Die Wirkungen der spanischen Fliegen, daſs sie auf der Haut Blasen ziehen, waren den Alten nicht unbekannt; allein sie machten wenig Gebrauch davon, weil sie sie als ein gefahrvolles Mittel fürchteten. Bis zum XVII Jahrhundert konnten die Aerzte nicht alle Furcht ablegen. Im Jahr 1676 gebrauchte sie *Mercurialis* in der Pest, und er hat zu ihrem nachmaligen allgemeinen Gebrauch sehr vieles beygetragen.

Auſser

Auſſer den allgemeinen Eigenſchaften, worinn ſie mit den übrigen Blaſenmachenden Mitteln übereinkommen, beſizen ſie noch eigenthümliche Wirkungen, weil zugleich Theile von den Gefäſſen der Haut eingeſogen werden. Daher entſteht zuweilen bey der Anwendung dieſer Mittel eine widernatürliche Trockenheit im Munde, Durſt, und eine inflammatoriſche Harnſtrenge, die man nicht beobachtet, wenn man ſich zur Hervorbringung der Blaſen auf der Haut eines andern Mittels bedient. Wahrſcheinlich werden reizende Theile der Canthariden in die Säfte aufgenommen, und durch die Urinwege wieder ausgeführt. Man kann durch häufiges Trinken die Strangurie verhindern.

Die Krankheiten wogegen man die Blaſenpflaſter mit Nutzen gebraucht, kann man unter folgende Klaſſen bringen:

I. Krankheiten, wo die Reizbarkeit des Körpers mehr erloſchen iſt, und wo man eines Reizes bedarf, um die Verrichtungen lebhafter zu machen und die Lebenskräfte zu unterſtützen. Sie vermehren als reizende, excitirende Mittel den Umlauf der Säfte, verſtärken den Puls, und theilen gleichſam dem Körper neues Leben mit.

mit. Sie find daher von gröfster Wichtigkeit *in fchleichenden Nervenfiebern*, wenn die Bewegung des Herzens matt wird, der Kranke anfängt zu feufzen und ängftlich zu werden, der Urin blafs wird, das Gehör abnimmt, *(Huxham)*. Man läfst fie felbft auf den Kopf legen. Ift der Kranke, wie es zuweilen gefchieht, dabey fehr reizbar, fo ftiften Blafenpflafter eher Schaden als Nutzen, weil fie den Krampf vermehren. In *fieberhaften Krankheiten*, wenn die Kräfte finken, der Kranke betäubt und fchlafflüchtig wird *(Pringle)*. In *Blattern*, wenn der Körper zu fchwach ift, und die Eruption nicht gehörig von Statten geht. Auch wenn die Blattern nach dem Ausbruch nicht gehörig reifen, und der Kranke von einer Beklemmung, Unruhe und Phantafien befallen wird, oder die Blattern zurücktreten. Ferner zur Beförderung der Gefchwulft an Händen und Füfsen, oder wenn durch das Anfchwellen des Halfes das Athemholen und Schlingen verhindert wird. Im *Schlagflufs*, in der Lähmung find fie fehr heilfam, hauptfächlich wenn man fich nach dem Urfprung und dem Lauf der Nerven dabey richtet. Im fchwarzen Staar, beym Doppeltfehen auf die Stirne gelegt (*Percival*); gegen den unwillkührlichen Abgang des Urins aufs Os facrum. II. In krampfhaften

Krank-

Krankheiten um einen Gegenreiz zu erregen. In Convulſionen welche vor dem Ausbruch der Blattern vorhergehen. In der Epilepſie, der krampfhaften Engbrüſtigkeit, dem convulſiven Huſten. Gegen feſtſitzende Schmerzen in den Eingeweiden die von Krämpfen herrühren, gegen das convulſiviſche Erbrechen.

III. Als *Derivirmittel* gebraucht man ſie hauptſächlich in inflammatoriſchen Krankheiten, auf die Stelle gelegt, wo die Schmerzen am heftigſten waren; vorher aber muſs erſt durch eine antiphlogiſtiſche Behandlung die Entzündung gröſstentheils gemildert ſeyn; ſo lange die Neigung zur Entzündung heftig, und durch den ganzen Körper gleich ſtark iſt, ſind ſie allemal nachtheilig und ſchädlich. In dem Seitenſtiche und der Lungenentzündung. In der Bräune. Ueberhaupt bey Entzündungen innrer Eingeweide. In der Darmgicht, gegen feſtſitzende Colikſchmerzen, in der Ruhr. Dem Rheumatiſmus, Hüftweh und Gicht.

In Augenentzündungen, nachdem das Blut von dem leidenden Theil abgeleitet worden. Am wirkſamſten ſind ſie auf die Stirne gelegt. In Blattern an den Waden oder auf den Rücken, um das Geſicht zu ſchüzen und die Blattern abzuleiten.

IV. Als

IV. Als ausleerende und eitermachende Mittel. In der Waſſerſucht, hauptſächlich an den Schenkeln und Beinen, wo das Waſſer in dem zellichten Gewebe enthalten iſt, erregen die Blaſenpflaſter einen ſehr ſtarken Ausfluſs. In dieſem Fall aber muſs man ſie mit groſſer Behutſamkeit anwenden, weil ſie zuweilen eine Entzündung verurſachen die ſehr gefährliche Folgen haben kann. Man läſst ſie auch am beſten zwiſchen weiches Neſſeltuch auflegen. Gegen die wäſrichten Blattern (Variolae lymphaticae, cryſtallinae) empfahlen ſie *Huxham* und *Mead*. Im tollen Hundsbiſs, um die Waſſerſcheu zu verhüten, läſst man nach der Methode von *Schmucker* die Wunde mit Cantharidenpulver verbinden; auſſerdem gebraucht man ſie in Geſchwüren überhaupt als ein eitermachendes Mittel.

Gegen *hartnäckige Hautausſchläge*, die Lepra, die Flechten u. a., wurden ſie ſchon von den Alten benutzt. In neuern Zeiten hat ſie *Bloch* mit ſehr gutem Erfolg gegen die Flechten angewendet (Bemerkungen). Er läſst ein ſpaniſches Fliegenpflaſter auf die Flechten legen, und, wenn Blaſen entſtehen, die Stellen durch die Eiterung heilen. *Evers* curirte auf dieſe Art den Herpes über den ganzen Körper. Dieſe Anwendung findet aber blos bey trocknen Flechten ſtatt.

Zu

Zu künstlichen Geschwüren, den Fontanellen, und zur Inoculation der Blattern, bedient man sich ebenfalls der spanischen Fliegen mit Nutzen.

Ein Blasenpflaster bringt selten eine Strangurie eher hervor, als bis es zwölf oder vier und zwanzig Stunden auf dem Theil gelegen hat. Es ist wahrscheinlich, daß die Theilchen der spanischen Fliegen erst viele Stunden nachher eingesogen werden, nachdem das Blasenpflaster aufgelegt, worden. Vielleicht geschieht dieses nicht eher, als bis es eine Art von Verschwärung hervorbringt; denn man bemerkt, daß die Strangurie überhaupt in viel kürzerer Zeit erfolgt, wenn man spanische Fliegen in Geschwüre streut.

Gegen diese Zufälle und um den Reiz zu mildern, hat man den Zusatz von Kampher zu dem Blasenpflaster empfohlen: noch besser ist bey reizbaren Personen die Verbindung mit Opium, der Tinctura Opii, oder der Tinct. Thebaica.

Die Blasenpflaster sind auch am wirksamsten, wenn man sie jedesmal frisch bereiten läst. Man nimmt am besten eine Pflastermasse welche nicht zu stark klebt, z. B. Emplastr. de Hyoscyamo, de Meliloto, und läst das Cantharidenpulver damit vermischen, oder statt dessen aus bloßem Baumoel

oder

oder Fett und Cantharidenpulver eine Pflastermaſſe bereiten. Wenn die Wirkung geſchehen iſt, verbindet man die Stellen mit einer erweichenden Salbe. Aus dem Zuſtande der Blaſenpflaſter, und dem Ausfluſs der Materie, kann man oft eins der ſicherſten Zeichen von der Natur und dem Ausgang der Krankheit hernehmen.

In Fällen wo eine längere Eiterung erforderlich iſt, z. B. in rheumatiſchen Augenentzündungen und ähnl. empfiehlt *Selle* ein Emplaſtrum veſicatorium perpetuum, aus Cantharidenpulver, G. Euphorbii, Maſtyx und Terpentin zum beſtändigen Verband: dazu iſt auch eine Salbe aus ſieben Theilen Vng: Baſilic. und einem Theil Cantharidenpulver ſehr zweckmäſſig, nur müſſen ſie fein gepulvert und wohl gemiſcht werden: oder man zieht überhaupt die Seidelbaſtrinde dem ſpaniſchen Fliegenpflaſter vor.

PRAEPARATE.

1) *Tinctura Cantharidum*, Spaniſche Fliegentinctur. Aus dem Cantharidenpulver mit Weingeiſt digerirt. Sie würkt ſchwächer, und mehr als ein Rubefaciens; man benutzt ſie in Fällen, wo man das Spaniſche Fliegenpflaſter nicht anwenden kann, oder wo man einen ſchwächern Reiz erregen will.

Am häufigsten in Zufällen von Lähmung, äusserlich zum Einreiben.

2) Vnguentum Cantharidum Ph. Lond. Vnguent. Epispasticum. Ph. Edinb. sind aus einem Infuso der Cantharidon mit Wasser, und harzichten Substanzen bereitet.

C. Rothmachende Mittel; *Rubefacientia, Epispastica.*

SINAPISMVS.

Der Senfumschlag, aus den Senffaamen (Sinapis nigra *L*). bereitet.

Die Wirkung der rothmachenden Mittel ist von den Blasenerregenden, blofs dem Grade nach verschieden. Sie ist nicht so durchdringend, dagegen aber schneller und anhaltender als die der Blasenpflaster, und man kann einen gröffern Reiz durch sie zu wege bringen.

Am gewöhnlichsten gebraucht man die Senffaamen, in Form eines Umschlages, mit Sauerteig oder Brodkrumen und Essig zu einem Teig geknätet. Diesen läfst man so lange auflegen, bis er

Schmer-

Rothmachende Mittel. 131

Schmerzen erregt, und die Haut roth wird; läſst man ihn länger liegen, ſo entſtehen ſelbſt Blaſen darnach. Man kann auch durch die Zumiſchung von Küchenſalz oder Tinctura Cantharidum noch die Wirkung verſtärken.

Die Umſchläge ſind ſehr kräftig: 1) als *Excitirmittel* bey dem langſamen Ausbruch der Hautausſchläge; in böſartigen Faulfiebern und Nervenfiebern. In paralytiſchen Zufällen. 2) als *Derivirmittel* in rheumatiſchen und catarrhaliſchen Zufällen, um eine Ableitung zu bewirken. In Krankheitsmetaſtaſen, der zurückgetretenen Gicht und Podagra, bey zurückgetretenen Exanthemen. Zur Abhaltung der Blattern vom Geſicht, gleich vom Anfang der Krankheit an die Waden gelegt.

Gegen locale Entzündungen. In Augenentzündungen am Arm oder im Nacken. In Bruſtentzündungen zwiſchen die Schulterblätter.

Man läſst auch die Senfſaamen mit Waſſer abkochen und Bäder damit bereiten. Die Senffusbäder ſind gegen die herumziehende Gicht und Podagra von gröſstem Nuzen.

I 2 ARMO-

ARMORACIA.

Radix Armoraciae. (Cochlearia Armoracia *L.*). Merrettig.

Die frifche Wurzel wird häufig als ein Hausmittel benuzt. Man läfst fie blos zerrieben und mit Effig angefeuchtet auflegen, oder unter Senfumfchläge. Diefer Umfchlag wirkt oft fchneller und kräftiger als der Senfbrey, zumal wenn der Senf alt ift. *Gefenius* empfiehlt im rheumatifchen Zahnweh ein Stück frifchen Merrettig an das Zahnfleifch zu legen.

Man hat fich auch des Merrettigs in Fusbädern bedient, nur darf er nicht gekocht werden.

ALLIVM.

Radix allii. (Allium Sativum *L.*). Knoblauch.

In vorigen Zeiten wurde der Knoblauchsfaft häufiger gebraucht als jetzt. *Sydenham* benuzte ihn als ein Rubefaciens in Blattern, um die Säfte von dem Kopf abzuleiten. In einer rheumatifchen Taubheit läfst man den Saft mit Baumwolle in den Gehörgang bringen *(Bergius)*; und *Mönch* empfiehlt ihn als eins der beften Mittel in diefen Fällen. Die Anwendung ift doch allemal unficher, weil fehr leicht eine Entzündung und Eiterung im Ohr dadurch erregt werden kann; und ich habe

mit

mit groſſem Nuzen ein Blaſenpflaſter auf dem Proceſſus Maſtoideus zu eben der Abſicht angewendet.

Cepa.

Radix Cepae. (Allium Cepa *L.*). Zwiebel, Zipolle.

Man gebraucht die gebratenen Zwiebeln als Zuſaz zu Umſchlägen um den Reiz zu verſtärken; beſonders zur Maturation der Abſceſſe.

Piper.

Piper nigrum. Der Pfeffer.

Der Pfeffer iſt nur ein gelindes rothmachendes Mittel. Man miſcht ihn zuweilen gepulvert zu den Senfumſchlägen, wenn ſie nicht ſtark genug wirken.

Zingiber.

Radix Zingiberis. (Amomum Zingiber *L.*). Ingber.

In Fällen wo man eines ſchnellen Reizes bedarf, und wo die Anwendung der Senfumſchläge zu langwierig iſt, leiſtet der Ingber vorzügliche Dienſte. Man übergieſst gepulverten Ingber mit Brandtwein, läſst dieſen dann darüber abbrennen, und den übrig gebliebenen Brey mit Leinwand auflegen. Die Wirkung geſchieht ſehr ſchnell, und faſt während der Application entſteht ein ſtarkes Brennen und Röthe auf der Haut, welche fich in einigen Stunden wieder verliert (*Krebs* in Baldingers Magaz. f. A.).

Mezerevm.

Cortex Mezerei. (Daphne Mezereum *L.*) u. m. Arten Seidelbaftrinde, Kellerhals.

Archange le Roi Eſſay ſur l'uſage & les effets de l'ecorce de Garon. Paris 1765.

Die ganze Staude befizt in allen ihren Theilen eine Schärfe, welche die Haut entzündet, und felbft Blafen erregt. Die Alten kannten fchon diefe Eigenfchaften. Hauptfächlich aber ift fie in neuern Zeiten von den französischen Aerzten zu diefem Endzwek benuzt. Man kann fie frifch und getroknet gebrauchen. Im lezten Falle muſs fie einige Stunden vor der Anwendung in Effig eingeweicht werden. Die Stücke müſſen auch nicht zu dünne feyn, weil fie fonft leicht austroknen.

Im Anfang legt man Morgens und Abends jedesmal ein frifches Stück auf, fo lange bis die Haut roth wird, und hernach täglich eins oder um den andern Tag. Es ift auch gut dafs man mit den Stellen wechfelt. Läſst man fie zu ſtark wirken, fo entfteht ein brennender Blatterausfchlag, und felbft läftige Gefchwüre. Der gute Erfolg hängt

hängt mehr von dem Reiz ab als von der Ausleerung.

Ueber die Stelle legt man irgend ein faftvolles Blat, ein Kohlblat, oder Epheublat (Hedera arborea) u. a., oder blos ein Stück Wachstuch. Man benuzt die Rinde am meiften gegen Augenentzündungen, chronifche Ausfchläge am Kopf. In Bruftbefchwerden zur Verhütung der Schwindfucht. In rheumatifchen Zufällen. Sie hat vor den übrigen Mitteln diefer Klaffe keine befondern Vorzüge.

ANEMONE NEMOROSA.
Waldküchenfchelle.

Die frifchen Blätter und Blumen haben einen fcharfen brennenden Gefchmak. Auf die Haut gelegt erregen fie eine Röthe, und wenn man fe länger liegen läfst Blafen und Gefchwüre. *Mellin* gebrauchte fie als Rubefaciens gegen rheumatifche Rükenfchmerzen; auch im halbfeitigen Kopfweh, ftatt andrer rothmachender Mittel.

PVLSATILLA NIGRICANS.
(Anemone pratenfis *L*.). Wiefenküchenfchelle.

Clematis recta.

Herba Flammulae Iovis.

Ranvncvlvs acris u. a.

Krapf de nonnullorum ranunculorum venenata qualitate, horum externo et interno vsu. Viennae 1766.

Sedvm acre.

Der Mauerpfeffer.

Das Kraut wird hin und wieder zerſtoſſen als Umſchlag aufgelegt, um die Haut roth zu machen. Man hat es auch gegen krebshafte Geſchwüre, in der Tinea u. a. empfohlen (*Buchoz* medicine rurale).

Alle ſcharfen Subſtanzen, die geiſtigen Tincturen, die flüchtigen Salben, der Sauerteig u. m. wirken auf ähnliche Weiſe.

Gvmmi evphorbii.

(Euphorbia offic. *L.*).

Vrtica.

(Vrtica vrens und Vrtica Dioica *L.*). Brenneſſel.

Der Gebrauch der Brenneſſeln als ein Reizmittel iſt ſehr alt. Man läſst die Glieder mit dem friſchen Kraute ſo lange ſchlagen, bis überall kleine Blaſen

Blasen entstehen (Vrticatio), am meisten in paralytischen Zufällen um die verlohrne Empfindung und Bewegung wieder herzustellen.

FRICTIO. Das Reiben.

Das Reiben mit groben wollenen oder flanellenen Tüchern, oder mit Bürsten, ist ein mechanisches Hülfsmittel von grosser Wichtigkeit. Es befördert den Umlauf des Bluts, zertheilt die stokenden Säfte und vermehrt die Ausdünstung. Man gebraucht es mit dem besten Erfolg in chronischen Rheumatismen, zur Wiederherstellung anscheinend todter Personen, in Lähmungszufällen, zur Stärkung einzelner geschwächter Theile, in der Rachitis u. m.

Man kann die Wirkung noch verstärken, wenn man die Tücher mit geistigen Mitteln befeuchtet, oder sie mit aromatischen Harzen durchräuchern läfst; doch darf man sich von diesen leztern nicht viel mehr versprechen, als dafs die Tücher völlig dadurch troken werden. Fährt man lange mit dem Reiben fort, so wird es schmerzhaft, und erregt dann eine Röthe und Entzündung.

D. Von den künstlichen Geschwüren.

FONTICVLI.
Die Fontanellen.

Hahn de fonticulorum vsu in sanandis morbis Argent. 1781. Weickard verm. Schriften. 3. St. S. 225.

Die Fontanellen, Haarseile, und beständig unterhaltene Blasenpflaster, sind in vielen chronischen Krankheiten ziemlich allgemein als Mittel angesehen, welche die kranken, verdorbenen Theile des Bluts ausleeren, die Säfte mit der Zeit reinigen, und die Gesundheit wieder herstellen. Unläugbar hat man die guten Wirkungen, welche diese Mittel zuweilen haben, misgedeutet.

Die künstlichen Geschwüre sind keine Aussonderungsorgane, wodurch die kranken Theile aus dem Blute ausgeführt, und die gesunden dagegen im Körper zurükgehalten werden. In vielen Fällen werden sie selbst der Gesundheit nachtheilig, weil sie Eiter ins Blut bringen, und im Verhältnis zu der Materie welche sie ausleeren, auch die Kräfte des

des Kranken fchwächen. Die gute Wirkung hängt oft blos von dem anhaltenden Reiz ab den fie verurfachen.

Die Vortheile welche man fich von diefen Mitteln verfpricht, find daher auch nicht fehr beträchtlich. Am meiften leiften fie in örtlichen Fehlern.

Unter allen Krankheiten, hat man fie am meiften: 1) in Lungenfuchten und bey einer Anlage zur Schwindfucht empfohlen, allein fie find nicht ohne Unterfchied heilfam. Wenn die Befchwerden auf der Bruft von einer zurükgehaltenen Ausleerung, oder einem zurükgetriebenen Ausfchlag herrühren, fo ift ein künftliches Gefchwür zuweilen hülfreich. 2) Gegen alte rheumatifche Schmerzen, in der Bruftbräune. 3) Wenn die Kranken mit allerley Ausfchlägen der Haut, böfen Augen, Drüfengefchwulften, und ähnlichen Zufällen befchwehret find.

Gemeiniglich wählt man folche Stellen, wo viel Fett oder Zellgewebe liegt. An magern Theilen, auf blofen Mufkeln reizen fie zu ftark, und verurfachen eine zu heftige Entzündung, oder fie vertroknen leichter. Groffe Gefäffe, Nerven, Flechfen, müffen ebenfalls vermieden werden. Je näher

her fie auf die Stelle gelegt werden können, wo der Siz der Krankheit ift, deftomehr hat man davon zu erwarten.

Man macht die Fontanellen auf eine verfchiedene Weife. Die gewöhnlichfte ift, dafs man die Haut einfchneidet, und in die Wunde eine Erbfe legt. Ungleich bequemer ift die Methode von *Evers*, dafs man ein kleines Blafenpflafter fo lange auflegt bis eine Blafe entftanden ift, dann die Blafe auffchneidet und eine Erbfe oder eine kleine Bohne einlegt. Jeden Tag legt man eine neue Erbfe ein. Ift die Eiterung nicht ftark genug, fo nimmt man ftatt der Erbfe eine unreife Pommeranze, oder eine kleine Kugel aus der Rad. Gentianae, Ireos Florentinae, oder ein Stück von der Seidelbaftrinde. Ift fie zu ftark fo verbindet man blos troken.

Wenn der Ausflufs der Feuchtigkeiten fehr grofs, und mit Erleichterung des Kranken verbunden ift, fo ift es unficher die Fontanelle zuheilen zu laffen, und gemeiniglich gefchieht dies denn auch nicht fo leicht, zumal wenn die Natur einmal daran gewöhnt ift. Ift dies aber nicht der Fall, fo kann man dreift das Gefchwür zugehen laffen, ohne Nachtheil davon zu befürchten.

SETA-

SETACEVM.

Das Haarseil.

Das Setaceum kömmt in Ansehung der Wirkungen im wesentlichen mit den Fontanellen überein. Der Unterschied besteht darinn, dass die Eiterung durch eine Schnur unterhalten wird, welche man in gehöriger Entfernung zwischen den Muskeln und der Haut mit einer eigenen Nadel durchzieht. Es verursacht einen stärkern Reiz, welcher mit heftigen Schmerzen verbunden ist, und eine gröfsre Eiterung. Bey schwächlichen, und sehr reizbaren Personen findet daher die Anwendung desselben nicht statt.

Am häufigsten gebraucht man das Setaceum: 1) als *ein Derivirmittel* in Krankheiten und Fehlern des Kopfs. Wider hartnäkige Augenfehler, in der Kopfwassersucht, der Taubheit, der Tinea capitis, bey Geschwüren in den Ohren u. a., in den Nacken gelegt. *Brendel* empfahl es mit grossen Lobeserhebungen in Lungeneiterungen; allein wenn diese schon einen beträchtlichen Grad erreicht hat, so ist viel weniger davon zu hoffen als von den Fontanellen, und der schwächliche Kranke wird eher eine Vermehrung des Fiebers zu fürchten haben. 2) Um sogenannte kalte Geschwulste in Eiterung zu fezen, gegen den Kropf und andere Fleifchgewächfe. 3) Um *Abfceſſe zu öffnen* wo die Luft nicht hinzukommen darf. Bey Eiterungen in der Nachbarfchaft der Gelenkhölen. *Pott* empfahl es auch zur Oeffnung der Wafferbrüche, doch hat diefe Methode zu viele Einwürfe gegen fich, als dafs ein guter Erfolg davon zu hoffen ift.

Siebte Klaſſe.

Erweichende, Erfchlaffende Mittel; *Emollientia, Lubricantia.*

Die Wirkungsart der erweichenden Mitttel, wenn fie äufferlich angebracht werden, ift von der innern Anwendung im wefentlichen nicht verfchieden. Diefe befteht entweder darinn, dafs fie in die Zwifchenräume der feften Theile eindringen, und den Zufammenhang derfelben vermindern, oder dafs fie die troknen Fafern biegfamer machen und erfchlaffen.

Diefe Kraft erftrekt fich am meiften auf die äuffere Fläche des Körpers, oder der Theile welche zunächft darunter liegen. In fo ferne fie aber diefe erfchlaf-

erschlaffen und erweichen, heben sie Krämpfe in den innern Theilen, und so können warme Bähungen des Unterleibs und erweichende Umschläge, in der Ruhr, gegen Coliken, und ähnliche krampfhafte Zufälle, Linderungsmittel seyn.

Auf eben diesen Grundsäzen beruht die Eigenschaft der Erweichungsmittel, die Säfte nach den Theilen hinzuleiten, und den Einfluſs in andre zu vermindern; auch die Biegsamkeit der Theile wird durch sie vermehrt, und wenn sie durch lange Ruhe in Krankheiten verlohren gegangen ist, selbst wieder hergestellt.

Auf ähnliche Art sind sie von grosser Wirksamkeit, um die Eiterung in Wunden oder in Geschwüren zu befördern, wenn ein Entzündungszustand die Ursache davon ist, oder die Theile zu sehr gereizt sind; hauptsächlich die ölichten und schleimichten Mittel dieser Klasse. Indem sie eine Erschlaffung bewirken, und die Theile gegen äusre Reize schüzen, oder die Reize involviren und ihre Einwirkungen schwächen, sind sie zugleich beruhigend und schmerzstillend. Einige erweichende Mittel besizen eine narcotische Eigenschaft und stümpfen die Reizbarkeit und Empfindlichkeit der Theile unmittelbar ab.

Die

Die äufre Anwendung diefer Mittel kann in manchen Fällen ebenfalls groſſen Nachtheil erregen. Am meiſten aber die Oele und Fette, wenn ſie in Wunden und Geſchwüre lange Zeit anhaltend gebraucht werden. Die vielen zuſammengeſezten Salben und Fette der alten Apothekerbücher, ſind mit Recht auch vernachläſſigt. Sie vermindern die Spannkraft der feſten Theile zu ſehr, die Wunden werden dadurch unrein, und die Erzeugung des ſogenannten wilden Fleiſches begünſtiget.

Ueberhaupt aber kommt es darauf an, in welcher Form die Erweichungsmittel an den Körper gebracht werden. Am wirkſamſten ſind ſie allemal je flüſſiger ſie ſind. Das einfache warme Waſſer iſt daher ein kräftiges Erweichendes und erſchlaffendes Mittel, noch mehr wenn es in Dämpfe aufgelöſt iſt. Dieſe Kraft kann auch noch durch die Zumiſchung von ſchleimichten, mehlichten, ölichten und fetten Subſtanzen verſtärkt werden.

Die ölichten und ſchleimichten Mittel dringen faſt nie tief in die Subſtanz der Haut ſelbſt ein; dagegen ſind ſie weniger geneigt zu trocknen, und zu Breyumſchlägen aus dieſem Grunde ſehr geſchikt. Die thieriſchen Fette, deren man ſonſt eine groſſe Menge aufbewahrte, beſizen die Tugenden

genden nicht welche man ihnen beylegte, und fie werden in allen Fällen von den ausgepreſsten Oelen erſezt, etwa die ausgenommen wo fie ihrer Confiſtenz wegen beſſer paſſen.

Nächſtdem iſt die Wärme ein weſentliches Erforderniſs; die Wärme beſizt an ſich ſchon ſedative Eigenſchaften. Die Anwendung dieſer Mittel muſs auch jedesmal lange genug fortgeſezt werden, wenn ſie wirken ſoll.

Aqva calida.
Das warme Waſſer.

Das Waſſer, wenn es einen ſolchen Grad der Temperatur hat, welche ohne die Empfindung einer Kälte oder Schmerzen zu erregen, vertragen werden kann, beſizt eine erweichende und erſchlaffende Eigenſchaft. Dieſe Wirkungen ſind bey dem warmen Bade am ſtärkſten. Das Waſſer reinigt und erweicht die Oberfläche des Körpers, und macht ſie dadurch geneigt freier auszudünſten. Durch die Hize wird die Einſaugung befördert, der Pulsſchlag wird weicher und voller, und eine vermehrte Röthe und Wärme über den ganzen Theil verbreitet.

In Anfehung feiner allgemeinen Kräfte hat das warme Bad eine narcotifche Eigenfchaft. Es befördert allemal den Schlaf und den Ausbruch des Schweifses, dagegen vermindert es die widernatürliche Reizbarkeit, es erleichtert die Schmerzen indem es den ganzen Körper erfchlafft, und hebt die fpaftifchen Zufammenziehungen felbft in den entfernten Theilen. Allein der Grad der Wärme mufs immer in einem gewiffen Verhältnifs bleiben. Ift fie zu ftark, fo wirkt fie als ein reizendes Mittel.

Die Krankheiten wogegen die Anwendung der warmen Bäder vortheilhaft ift, find fehr mannigfaltig. 1) In Krankheiten der Haut. Gegen venerifche Gefchwüre, (*Böcking* über die Hartnäkigkeit gewiffer venerifcher Gefchwüre), flechtenartige Ausfchläge, auch die friefelartigen Ausfchläge kleiner Kinder (*Armftrong*). In den Blattern, befonders während dem Ausbruch wenn diefer unter Krämpfen und Zukungen gefchieht. (*Stack* von dem Nuzen der warmen Bäder in Blattern), wenn die Haut aufferordentlich heis, der Puls gefchwind und klein ift, in Verbindung mit Klyftiren. *Percival* empfahl ein warmes Bad aus einer Abkochung von den Blättern und Blumen der Chamillen bey dem zweyten Fieber der Blatterkranken. 2) In krampfhaften Zufällen. In Nervenkrankkrankheiten wenn die Haut troken ist. In der Atrophie der Kinder um die Ausdünstung gelinde herzustellen, und den Körper anzufeuchten. Auch gegen Lähmungen die von einem zurükgetretenen Ausschlag entstanden waren, hat man sich der warmen Bäder mit Nuzen bedient, und sie sind sehr wirksam, weil sie die Säfte nach der Haut ziehen, zumal in Verbindung mit innern excitirenden Mitteln. Auch zur Milderung der Krämpfe, welche mit der monatlichen Reinigung zuweilen verbunden sind. Gegen Zufälle von Steinen und in convulsiven Zufällen überhaupt, der Wasserscheu u. a. 3) Gegen Entzündungen, hauptsächlich im Unterleibe. In Coliken, der Ruhr, theils in so ferne sie die festen Theile erschlaffen, oder durch ihren Reiz eine Ableitung der Säfte und einen Zufluss zu den äussern Theilen veranlassen.

Man bedient sich in dieser Absicht auch der warmen Bäder als topische Mittel, an einzelnen Theilen. *David* empfahl die Bähungen der Vorderarme mit warmen Wasser, um bey Säugenden die Milch zu vermehren, weil die Säfte häufiger dadurch nach den obern Theilen gezogen werden. In Blatternkrankheiten werden durch warme Fussbäder die Säfte von den obern Theilen abgeleitet und der Ausbruch der Blattern im Gesicht verhütet.

Gegen hartnäkige Kopfſchmerzen, bey anhaltendem Wachen ſind Fusbäder ebenfalls ſehr heilſam.

Man kann die warmen Bäder noch durch allerley Zuſäze an Wirkſamkeit verſtärken. *Cullen* war der Meinung daſs auf eine weit kräftigere Art eine Erſchlaffung bewirkt werden könnte, als es durch das einfache warme Waſſer geſchieht, wenn man Oel mit Waſſer innig verbindet, ſo daſs es ſelbſt mit in die Zwiſchenräume der feſten Theile gebracht wird. Eine ſolche natürliche Miſchung iſt die Milch der Hausthiere, und ſie kann auch entweder für ſich genommen oder mit Waſſer verdünnt, als ein wirkſames Erweichungsmittel gebraucht werden. Noch wohlfeiler und leichter kann man dieſes auch durch eine warme Auflöſung von Seife erhalten, welche als ein erweichendes und erſchlaffendes Mittel vor dem bloſſen Waſſer unſtreitig Vorzüge beſizt *(Hahnemann)*.

Auch durch die Decocte verſchiedener Pflanzen, wird die Kraft des Waſſers noch verbeſſert. Unſre Vorfahren ſezten viel darinn, mit was für Kräutern die erweichenden Bähungen und Umſchläge bereitet werden, allein in unſern Tagen, wo man mit andern Vorurtheilen, auch den Glauben an die Wichtigkeit und beſondre Kraft mancher

cher guten Kräuter abgelegt hat, kann man wenig mehr von diefen Mitteln erwarten, als was die Feuchtigkeit mit Wärme verbunden, leiften kann. Die fchleimichten Gewächfe, und die mehlichten Saamen, zumal folche welche ölichte Theile zugleich enthalten, und am häufigften benuzt werden, vermindern zwar an fich die erweichende Kraft des Waffers, weil alle fchleimichten und ölichten Stofte die Eindringlichkeit des Waffers verhindern; allein in fo ferne fie die Theile länger gefchmeidig und feucht erhalten und der Trokenheit vorbeugen, können fie mit Vortheil benuzt werden.

Um die Bäder noch mehr reizend zu machen, kann man aromatifche Gewächfe damit kochen laffen, oder Saamen welche eine Schärfe enthalten, z. B. die Senffaamen, oder felbft Salze zumifchen. *Juftamond* gebrauchte zur Linderung in krebshaften Gefchwüren Schierlingsbäder (von den Heilarten in Krebsgefchwüren). *Beaume* fchlug Bäder mit Sublimat bereitet vor, zur Heilung venerifcher Zufälle (Samml. auserlesn. Abhandl. für praktifche Aerzte. II. B. S. 138). So kann man auch durch die Auflöfung der Schwefelleber die natürlichen Schwefelbäder künftlich nachmachen.

Die Anwendung der warmen Bäder, kann sehr nachtheilig werden, wenn der Kranke überhaupt eine schwächliche Constitution, und einen erschlaften Körper hat; daher sind sie bey einer Neigung zu Blutflüssen aus dieser Ursache, bey schleichenden Fiebern, Fehlern der Eingeweide u. m., nicht passend. Auch bey örtlichen Fehlern, wo eine Erschlaffung vorhanden ist. Bey Eiterungen, unreinen Geschwüren, Erfrierungen, im Brande u. a.; wird durch die feuchte Wärme die Erschlaffung befördert. Manche Entzündungen vertragen ebenfalls die Feuchtigkeiten nicht; und überhaupt wenn die Entzündung heftig ist, werden die Schmerzen, die Hize und das Fieber, durch den Reiz der Wärme noch verstärkt. In solchen Fällen müssen die Umschläge bloß lau warm, also kälter als der Theil selbst, aufgelegt werden, dann verschaffen sie, indem sie abkühlen, Linderung der Schmerzen und der Entzündung.

BALNEVM

BALNEVM VAPORIS.

Dampfbäder, Qualmbäder.

Marcard von der Einrichtung, dem Gebrauche und Nuzen der Dampf- oder Qualmbäder in feinen med. Verfuchen. II. Th. S. 63.

Das Waller wenn es in Dämpfe aufgelöst ist, erhält dadurch einen ungleich gröffern Grad der Wirkfamkeit. Es wird gefchikter gemacht in die Oeffnungen der Haut tiefer einzudringen, die verdikten in den feinen Gefäffen ftokenden Feuchtigkeiten zu verdünnen und wieder in den Kreislauf zu bringen, und daher find die Dampfbäder auch den warmen Bähungen und Umfchlägen bey weitem vorzuziehen.

Die Anwendung diefes Mittels ift demohngeachtet immer fehr vernachläffigt, und daran fcheint wohl die Befchwerde bey dem Gebrauch am meiften Schuld zu feyn. Die gewöhnliche Art, dafs man fiedendes Waffer in einen Keffel giefst, und dann den Theil welcher gebäht werden foll darüber hält, ift nicht wirkfam genug. Der Dampf ift zu fchwach und zu fehr verdünnt, und man kann ihn auch nicht mit Nachdruk auf einen gewiffen Theil leiten, ungerechnet dafs die Abwechslung von Wärme und Kälte dem Kranken nichtsweniger als zuträglich ist. Die **Dampfbadstuben** welche man in manchen Gegenden eingerichtet hat, sind nicht überall anwendbar.

Die Dampfbäder hingegen vermittelst einer bequemen Maschine, wie die von *Symonds*, (*Marcard* am angef. Ort), sind von allen solchen Vorwürfen vollkommen frey. Man kann die Wärme in einem gleichen Grade an jedem Theil des Körpers anbringen, und so lange bähen als erfordert wird. Diese Anwendung ist wirksamer als jedes warme Bad, die besondern Mineralbäder ausgenommen, und solche Maschine liesse sich aus Blech sehr leicht und ohne grosse Kosten verfertigen.

Die Ingredienzen der Dampfbäder, bestehen entweder ganz einfach aus blossem Wasser, oder noch besser aus Regenwasser, oder man kann vorher das Wasser mit vegetabilischen Substanzen abkochen lassen. Diese müssen aber flüchtige und aromatische Theile enthalten, schleimichte Gewächse taugen dazu nicht. Will man die Bäder noch mehr reizend machen, so kann man zu dem Wasser noch Essig zusezen, oder volatile Dämpfe durch Beymischung des Salmiakgeists u. a. hervorbringen. Man könnte selbst auch Mineralwasser dazu anwenden.

Haupt-

Hauptſächlich wichtig iſt der Gebrauch der Dampfbäder gegen Gebrechen einzelner Theile: Man kann ſie aber auch über den ganzen Körper bringen, wenn man den Kranken auf Flanell oder wollene Deken legt, und ſo bedekt daſs der Qualm zwiſche dieſe geleitet wird, und keinen Ausweg hat. Es iſt am beſten, die erſten Male das Baden nicht zu lange fortzuſezen, etwa nur eine Viertelſtunde. Ie hartnäkiger und eingewurzelter das Uebel iſt, deſto gelinder ſollte man damit verfahren. Die Verbindung der Frictionen, wenn man während daſs der Dampf an den Theil geht, von Zeit zu Zeit gelinde nach verſchiedenen Richtungen mit der Hand reibt, kann ſehr viel beytragen, um ſtokende Theile wieder in Umlauf zu bringen.

Der Nuzen dieſer Bäder iſt vorzüglich groſs. 1) Zur Zertheilung kalter Geſchwulſte, der Gelenkgeſchwulſte, beſonders der weiſſen Geſchwulſt, gegen verſtopfte und angeſchwollene Drüſen am Halſe, in den Brüſten, gegen die Stokungen der Milch ſtatt der Saugmaſchienen. 2) In rheumatiſchen und catarrhaliſchen Zufällen. *Mudge* hat eine eigne Maſchine erfunden, um den Dampf in catarrhaliſchen Zufällen dadurch einzuathmen. In dem Hüftweh, bey Contracturen der Glieder, dem Krampf der Speiſeröhre.

In der Lungenentzündung läſt man mit Vortheil warme Dämpfe einziehen. Bey ſehr empfindlichen Ohrenſchmerzen ſchafft der Dampf von warmen Waſſer ins Ohr gelaſſen, ſehr bald Linderung. In Fehlern des Gehörs könnte man das Meyenbergerwaſſer vorzüglich dazu anwenden. Bey ſchmerzhaften flieſſenden Haemorrhoiden iſt es eins der kräftigſten Mittel. In veneriſchen Zufällen um die Knochenauswüchſe dadurch zu zertheilen; in der Phimoſis. 3) Als ein äuſſerliches Schweiserregendes Mittel, weil der warme Dampf unmittelbar auf die Gefäſſe der Haut wirkt, ohne eine Wallung des Blutumlaufs zu erregen. 4) In Geſchwüren welche ein dikes zähes Eiter geben, und um die Maturation zu befördern, bey Geſchwüren der Mandeln, in der Naſe, im Munde.

Der Gebrauch der Dämpfe wird überhaupt von dem menſchlichen Körper viel länger, und mit einem gröſſern Grade von Hize ertragen, als wenn das Waſſer in flüſſiger Form angewendet wird.

CEREVISIA.
Das Bier.

Das Bier enthält die ſchleimichten Theile der Getreidearten woraus es bereitet worden, mit geiſtigen ftigen zugleich vereinigt. Es ift daher erweichend, zertheilend, und fehr fchmerzlindernd. Man gebraucht es häufig als ein Hausmittel, gewärmt, nachdem man ein Stük ungefalzene Butter darinn zerlaffen hat. Gegen die Entzündungen der Brüfte von ftokender Milch, ift es eins der beften befänftigenden Mittel; überhaupt auch bey fchmerzhaften Entzündungen, wenn Theile zerriffen find, und andern.

II. Schleimichte Gewächfe.

Sie werden zu Umfchlägen, Bähungen, Klyftiren benuzt. In Entzündungen welche in Eiterung übergehen, zur Beförderung der Eiterung, zur Linderung der Schmerzen, um die krampfhafte Zufammenziehung der Theile zu heben.

ALTHAEA.

Herba, Radix Althaeae. (Althaea officinalis *L.*). Althee. 1 Th. S. 98.

MALVA.

Herba Malvae vulgaris. (Malva rotundifolia, M. fylveftris *L.*). Malve. 1 Th. S. 99.

VER-

Verbascvm.

Folia, Flores Verbasci. (Verbascum Thapsus *L.*).
Wollkraut. 1 Th. S. 100.

Sambvcvs.

Flores Sambuci. (Sambucus Nigra *L.*). Flieder.
1 Th. S. 100.

Capita papaveris.

Capita papaveris albi. Die Mohnköpfe mit den Saamen.

Die Mohnsaamen enthalten ein Oel welches sich völlig so wie die andern ausgepresten Oele verhält, und keine betäubenden narcotischen Eigenschaften besizt. Sie sind erweichend und schmerzlindernd. Die Schaale der Mohnköpfe enthält zwar auch in unserm Clima einen narcotischen Milchsaft, doch ist dieser nicht sehr kräftig.

Man benuzt die Mohnköpfe mit ähnlichen Mitteln verbunden, hauptsächlich zu schmerzstillenden Umschlägen, und Bähungen. Gegen Entzündungszufälle und Krämpfe; auch in Augenentzündungen welche sehr schmerzhaft sind u. a.

HYOSCYAMVS.

Herba Hyoscyami. Bilſenkraut.

Die Blätter dieſer Pflanze ſind wollicht und weich anzufühlen, und beſizen eine ſtarke erweichende und ſchmerzlindernde Kraft; ihr Geruch iſt betäubend und widerlich. Sie waren ſchon in alten Zeiten äuſſerlich als ein ſchmerzlinderndes Mittel im Gebrauch, ehe man dieſe Pflanze innerlich anwandte.

Man bedient ſich der Blätter in Verbindung mit andern erweichenden Suhſtanzen, zu Breyumſchlägen gegen ſchmerzhafte Geſchwulſte, ſcirrhöſe ſchmerzhafte Verhärtungen, Entzündungen der Brüſte, gegen Haemorrhoidalknoten welche entzündet ſind. 2) In Krebsgeſchwüren. Man läſt die Umſchläge entweder aus bloſſem Waſſer oder aus Milch bereiten.

Man darf das Bilſenkraut nicht in Klyſtiren, um die Schmerzen oder die Krämpfe zu ſtillen, anwenden. *Etmüller* beobachtete, daſs eine Perſon nach einem ſolchen Klyſtir in Raſerey verfiel.

PRAEPARATE.

1) *Extractum Hyoſcyami* aus dem ausgepreſsten Safte. *Roſenſtein* gebrauchte gegen die ſchmerz-

fchmerzhaften blinden Haemorrhoiden, eine Salbe aus dem Extr. Hyofc. mit dem Empl. Hyofc. und Oel bereitet.

2) *Oleum de Hyofcyamo.* Die Saamen enthalten blos ein fettes Oel; die narcotifchen Theile find in der Schale enthalten. Bey dem Preſſen gehen vielleicht einige Theile mit in das Oel über, es ift daher auch wirkſamer als andre Oele zur Linderung der Schmerzen.

3) *Vnguentum de Hyofcyamo*, aus dem zerquetfchten frifchen Kraute mit Schmalz oder ungeſalzener Butter bereitet. Gegen krampfhafte Coliken äuſſerlich in den Unterleib eingerieben. Zur Linderung der Haemorrhoidalſchmerzen.

4) *Emplaftrum de Hyofcyamo*, aus dem Safte, dem Oel und dem Kraute des Hyofcyamus mit Wachs und Terpentin. Es ift fchmerzlindernd und zertheilend. In Drüfenverhärtungen, rheumatifchen Schmerzen; als Zuſaz zu Blaſenpflaſtern.

CICVTA.

Herba Cicutae. (Conium Maculatum L.). Schierling.

Man gebraucht den Schierling äuſſerlich ebenfalls als ein erweichendes, zertheilendes und fchmerzlinderndes Mittel. Man nimmt das frifche Kraut.

und läſst es gelinde erwärmt auflegen, oder das getroknete Kraut unter Umſchläge. Hauptſächlich 1) gegen harte Drüſengeſchwulſte, entzündete Scirrhi, Milchknoten. 2) In alten bösartigen Geſchwüren, beſonders ſcrophulöſen Geſchwüren. *Juſtamond* ließ aus dem Schierlingskraute ganze Bäder bereiten, um in Krebsgeſchwüren die Schmerzen zu lindern (S. 149.). 3) Auch zu Injectionen, zur Reinigung ſcrophulöſer Geſchwüre im Aufguſs.

PRAEPARATE.

1) *Extractum Cicutae*. Man gebraucht das Extract äuſſerlich mit Waſſer oder Kalkwaſſer aufgelöſst zum Verband, oder ſo blos als Pflaſter auf Leinen geſtrichen, zur Zertheilung der Drüſengeſchwulſte.

2) *Emplaſtrum de Cicuta cum Ammoniaco* Ph. W. Aus G. Ammoniacum in Meerzwiebeleſſig aufgelöſst, mit dem Saft und dem Pulver der Cicuta, Wachs und Oel zuſammengemiſcht. Ein kräftiges erweichendes und zertheilendes Mittel in Drüſenverhärtungen und Verſtopfungen der Eingeweide, beſonders mit Mercurialmitteln.

BELLA-

BELLADONNA.

Herba Belladonnae. (Atropa Belladonna L.). Tollkirfche.

Die äufre Anwendung der Belladonna ift fehr alt. *Galen* und mehrere Alten gebrauchten das Kraut gegen den Krebs und bösartige Geschwüre um die Schmerzen zu stillen, und man hat auch in neuern Zeiten einige Erfahrungen von der Wirksamkeit derselben. Mehrere hingegen klagen dafs sie nicht hilft, und sie ist auch nicht immer zuverläffig. Man muſs sie innerlich damit verbinden.

Bey der Anwendung muſs man besonders vorsichtig verfahren, daſs nichts davon ins Auge kommt, oder daſs sie bey Geschwüren im Gesicht nicht zu nahe ans Auge gebracht wird. *Rajus* bemerkte daſs nach dem bloſen Auflegen der Blätter auf ein kleines Geschwür am Auge der Augapfel unbeweglich wurde.

PHYTOLACCA.

Herba Phytolaccae. (Phytolacca Decandran L.).

Man empfiehlt das Kraut und den Saft in Krebsgeschwüren äusserlich zum Verband.

BARDANA.

Herba, Radix Bardanae. (Arctium Lappa L.). Klette.

Percy in Hufelands Annalen der französ. Arzneikunde. 1 B. S. 379.

Das Kraut der Klette ist in Wunden und Geschwüren eins der vortrefflichsten Mittel, welches alle Aufmerksamkeit verdient. Leichte geschnittene und gerissene Wunden heilen sehr geschwind, wenn sie mit dem Saft der Pflanze gerieben und mit den Blättern bedekt werden. Vermischt man den Saft mit Oel, so entsteht eine Salbe, welche zur Heilung der Geschwüre, schwährender Gesichtspusteln, zur Vertreibung der Flechten, und zur Besänftigung schmerzhafter Haemorrhoidalknoten von besonderer Wirksamkeit ist. Auch in Geschwüren erweicht der Saft die harten Ränder, er bewirkt eine gute Eiterung, reinigt und hilft zur Vernarbung. Für die bösartigen Fusgeschwüre, und die sogenannten phagedaenischen Geschwüre ist es eins der besten Mittel. *Hufeland* erwähnt eines Falles, wo Geschwüre am Fuss in den Brand gegangen, und so beschaffen waren, dass man schon amputiren wollte. Auf den Rath eines Layen machte man Umschläge von einem concentrirten Decoct der Klettenwurzel, und schon nach 24 Stunden war der gefährliche

Zuſtand des Fuſſes vorüber (Annalen 1 B. S. 382).
Aufgebrochene Scropheln, ſelbſt Krebsgeſchwüre
werden dadurch gebeſſert. Der Milchgrind (Cruſta
lactea), und der Kopfgrind vergehen nach der Anwendung der Blätter. Dieſe Wirkung erfolgt um ſo
früher, wenn man den innern Gebrauch des Saftes
damit verbindet, oder ein Extract aus dem Safte.

Man kann die Blätter zu jeder Jahrszeit gebrauchen, wenn man ſie jedes für ſich im Keller
in Sand bewahrt, oder wenn man ſie im Schatten
troknen, und dann beym Gebrauch in Waſſer wieder erweichen läſst.

PRAEPARAT.

Extractum Bardanae aus dem ausgepreſsten
Safte. *Percy* empfiehlt dies Extract, in einer
Taſſe Waſſer aufgelöſt und täglich getrunken, für
gichtiſche, rheumatiſche und zu flechtenartigen Aus-
ſchlägen geneigte Perſonen.

* * *

Mehrere einheimiſche Gewächſe werden hin
und wieder als Wundmittel mit ſehr gutem Erfolg
gebraucht. Der Saft von Onopordon Acanthium
war unter den alten Aerzten ſchon als ein wirkſames äuſſerliches Mittel in krebshaften Geſchwüren,
beſon-

besonders im Geficht berühmt. Der Saft und der Brey von den Carotten (Daucus Carota L.) soll in Krebsgeschwüren den üblen Geruch wegnehmen und die Schmerzen lindern. Das Kraut der Schaafgarbe (Achillea Millefolium L.), wird in manchen Gegenden wie die Klette als ein Hausmittel mit grossem Nuzen angewendet; u. m.

LINARIA.

Herba Linariae. (Antirrhinum linaria *L.*). Leinkraut.

Das Kraut hat einen widerlichen Geruch. Der einzige Gebrauch den man davon macht, ist, dafs man es mit frischer Butter oder Schmalz abreibt und als Salbe anwendet.

PRAEPARAT.

Vnguentum de linaria. Gegen schmerzhafte Haemorrhoiden.

CROCVS.

Der Safran.

Der Safran wirkt äufserlich als ein erweichendes, zertheilendes und schmerzstillendes Mittel, und wird daher zu Breyumschlägen, Salben und Pflastern gemischt; doch jezt seltener als ehemals. Am öftersten unter Umschläge in Augenentzündungen.

Rosen-

Rosenstein empfahl vorzüglich die Verbindung mit Apfelbrey, und Kampher.

PRAEPARAT.

Emplastrum de galbano crocatum. Zur Erweichung harter Geschwulste.

III. Die fetten Oele.

Die Oele sind in ihren äusserlichen Wirkungen einander vollkommen gleich. Man hat daher mit Recht die Menge derselben, und die Anwendung überhaupt eingeschränkt.

Als Erweichungsmittel verdienen die flüssigen Oele vor den dickern schleimichten Oelarten den Vorzug. Sie vermehren die Kraft der erweichenden Umschläge, indem sie diese länger geschmeidig und feucht erhalten; in Klystiren machen sie den Darmkanal schlüpfricht, mildern die krampfhafte Zusammenziehung, und ersezen den Verlust des natürlichen Schleims.

Die Oele sind wichtige Mittel um die Reibungen zu erleichtern. Man kann einen viel stärkern Druk eine längere Zeit anbringen, ohne dafs die Haut davon leidet. Das fortgesezte Reiben des Unter-

Unterleibs mit Oel ift ein kräftiges Mittel, um Stokungen in den tiefliegenden Theilen zu zertheilen, und man hat felbft beobachtet, dafs ein häufiger Abflufs des Urins dadurch her vorgebracht ift. Gewöhnlich gebraucht man blos das Baumoel und das Leinoel.

Die Saamen welche ein Oel enthalten, die Leinfaamen (Sem. lini), die Hanffaamen (Sem. Cannabis) u. m., werden ebenfalls zu Umfchlägen, Bähungen und in Klyftiren benuzt. Von den Gummiarten bedient man fich zuweilen des arabifchen Gummi in Klyftiren. Von den Getreidearten find die Brodkrumen von Weizenbrod (Mica panis albi), ein Hauptingredienz der Breyumfchläge.

IV. Fette von Thieren.

BVTYRVM.

Die Butter.

Man gebraucht die ungefalzene Butter zu Salben.

AXVNGIA PORCINA.

Schweinefett, Schmalz. (Sus Scrofa).

Das Schweinefchmalz vertritt die Stelle aller übrigen Fettarten. Man kann es zu allen Zeiten frifch frisch erhalten, und es ist auch seiner Farbe wegen vorzüglich. Man benuzt es zu allen Salben, und vielen Pflastern.

SEVVM CERVI.

Hirschtalg. (Cervus Elaphus).

Das Hirschtalg ist das schönste und reinste Talg. Man gebraucht es äusserlich als Pflaster bey Fissuren in den Brüsten, der Lippe u. a.

SEVVM BOVINVM.

Das Rindertalg. (Bos Taurus).

Ist schon schmieriger.

SEVVM VERVECINVM.

Hammelfett. (Vervex).

Wird auf den Apotheken am häufigsten zu Salben, die eine festere Consistenz haben, und unter Pflaster genommen.

CERA.

Das Wachs.

Das Wachs ist ein erhärtetes Oel aus den Blumen. Es hat einen balsamischen Geruch und fast gar keinen Geschmak. Vormals wandte man es es auch innerlich in Suppen an. In neuern Zeiten 1) als ein Räuchermittel für fchwindfüchtige Perfonen (*Billard* von dem Räuchern als ein Mittel gegen Schwindfucht). Man läfst gleiche Theile Wachs und Harz über ein Kohlenbeken bey gelindem Feuer langfam fchmelzen. Diefe Mifchung giebt einen angenehmen Geruch, welchen Schwindfüchtige gerne vertragen, und man läfst fie diefe Luft beftändig einathmen. Statt des gemeinen Harzes kann man Wachs und Weirauch nehmen, oder auch noch etwas peruvianifchen Balfam zufezen. Gegen den Huften, die Engbrüftigkeit, felbft bey dem Blutfpeien, der Heiferkeit, heftigen Katarrhen u. m., hat man die Räucherungen empfohlen. Auch das fogenannte Stopfwachs (propolis), foll ebenfalls gute Dienfte leiften.

Wenn das Räuchern einen guten Erfolg haben foll, fo ift es blos in folchen Fällen wo eine groffe Schlaftheit der Lungen vorhanden ift, und gegen catarrhalifche Stokungen; hingegen in allen Fällen wo Entzündungen in den Lungen und Lungengefchwüre waren, hat man immer einen heftigen und vermehrten Huften darauf folgen gefehen, und dadurch können leicht die Lungengefäffe zerriffen werden. Der Rauch wirkt nicht als ein balfamifches, vielmehr als ein empyreumatifches und scharfes Mittel, (*Morin* von dem behutsamen Gebrauch der nöthigen Räucherungen in der Lungensucht). 2) Gebraucht man das Wachs um die Brustwarzen geschmeidig zu erhalten, und für dem Druk der dicht anliegenden Kleidung zu schüzen. Allein das Wachs behält nicht lange seine Figur und geht leicht auseinander; besser schiken sich kleine Futterale von Buxbaumholz. 3) Zur Bereitung der Wachsbougies oder Wachskerzen. 4) Zu verschiedenen Salben und Pflastern, um diesen die gehörige Consistenz zu geben.

Praeparate.

1) *Oleum Cerae.* Man gebraucht es äusserlich bey aufgesprungenen, oder durchgesogenen Brustwarzen, aufgesprungenen Lippen, schmerzhaften Haemorrhoiden, als Salbe.

2) *Vnguentum cerae* Ph. Edinb.

3) *Emplastrum citrinum* ein Heftpflaster bey frischen Wunden.

OLEVM OVORVM.
Das Eieroel.

Dies Oel wird aus dem hartgekochten und gerösteten Eierdotter ausgepresst. Es ist gelblicht, dicke,

dicke, und hat den Geſchmak und Geruch von Eiern.

Man benuzt es blos äuſſerlich als ein linderndes Mittel, bey aufgeſprungenen Bruſtwarzen und Lippen, blinden Haemorrhoiden. In leichten Brandſchäden. Auch bey dem Schnupfen der Kinder ſtatt andrer Oele.

Der Honig.

Man benuzt den Honig als ein chirurgiſches Mittel um zu erweichen, Abſceſſe zur Reife zu bringen, und Geſchwüre zu reinigen. Unter reinigende Gurgelwaſſer gegen Geſchwüre des Mundes, bey eiternden Mandeln. Zu Injectionen und Klyſtiren. Auch als Subſtitut der fetten Salben.

Praeparat.
Mel Roſarum.

BVTYRVM DE CACAO (S. 58).

V. Erweichende Salben.

VNGVENTVM ALTHEAE.

Aus dem Schleim der Altheewurzel, und den Saamen von Foenum graecum und Lein, mit Butter, Wachs, Terpentin und Harz bereitet, und mit Rad. Curcumae gefärbt.

Eine der gebräuchlichsten erweichenden und zertheilenden Salben.

VNGVENTVM BASILICVM.

Aus Wachs, Hammelfett, Harz, Pech, Terpentin, Baumoel und G. Olibanum.

Befördert die Eiterung und maturirt.

VNGVENTVM DIGESTIVVM.

Aus venetianifchem Terpentin, mit Eierdotter, Ol. Hyperici, G. Olibanum und Myrrhe vereinigt.

Befördert ebenfalls die Eiterung.

BALSAMVS ARCAEI.

Aus venet. Terpentin, G. Elemi, Hirfchtalg, Ol. Hyperici und rothem Sandelholz.

Zum Verband eiternder Wunden, als Digeftivmittel. Er reizt bisweilen zu fehr.

BALSAMVS COMMENDATORIS.

VNGVENTVM SIMPLEX Ph. Edinb.

Aus fünf Theilen Baumoel und zwey Theilen weisses Wachs zusammengerieben.

Die einfachste und beste Salbe zum Verband der Wunden. Man kann sie auch als die Basis reizender und zertheilender Salben benuzen.

VNGVENTVM ROSATVM.

Aus Schweineschmalz mit Rosenblätter gekocht, und einigen Tropfen Rosenoel gemischt.

Eine wohlriechende, erweichende Salbe.

VNGVENTVM AD LABIA *Rosensteinii*.

Aus ungesalzener Butter, Wachs, Rosinen und Apfelbrey zusammengekocht.

Gegen die Sprödigkeit der Lippen, und der Hände.

VI. Erweichende Pflaster.

EMPLASTRVM DE AMMONIACO.

Aus Altheefalbe, Wachs, Harz, Rad. Bryoniae und Irid. florent. Sem. foeni graeci, G. Ammoniac. und Empl. de Meliloto.

Es erweicht und maturirt mehr als es zertheilt.

EMPLASTRVM DE GALBANO CROCATVM.

Aus G. Galbanum, Empl. de Meliloto und Diachyl., Wachs, Terpentin und Crocus.

Zur Erweichung harter Geschwulfte.

EMPLASTRVM DE MELILOTO.

Aus dem Kraute und Blüten des Melilotus, Flor. Abfinthii und Chamomillae, Lorbeeren, Sem. Apii, Storax, G. Ammoniac., Wachs, Hammelfett, Terpentin, Harz und Chamillenoel.

Man benuzt es hauptfächlich zur Erweichung der Drüfengefchwulfte, und weil es nicht fehr klebend ift, als Zufaz zu Blafenpflafter.

EMPLASTRVM DE SPERMATE CETI.

Aus Wachs, Sperma ceti, Mandeloel, G. Galbanum und Terpentin.

Dies Pflaster hat auch den Namen Empläſtrum Mammillare, weil es in manchen Gegenden zur Erweichung und Zertheilung der Geſchwülſte in den Brüſten und gegen Milchverhärtungen gebraucht wird.

EMPLASTRVM DE RANIS CVM MERCVRIO.

Aus dem Empl. de ranis mit Queckſilber.

Zur Erweichung und Zertheilung der Drüſengeſchwulſte und Verhärtungen, zumal wenn ſie veneriſcher Art ſind. Gegen Tophi und Nodi venerei. Bey dem anhaltenden Gebrauch kann ein Speichelfluſs entſtehen.

EMPLASTRVM CITRINVM.

Ceratum citrinum. Aus Harz, Wachs, Hirſchtalg, Terpentin und Curcumawurzel.

Ein bloſes Heftpflaſter bey friſchen Wunden.

EMPLASTRVM DIACHYLON SIMPLEX.

Aus dem Schleim von foenum graecum, Lein und Altheewurzel mit Baumoel und Silberglätte verbunden.

Es erweicht und vereinigt die Wundränder.

EMPLASTRVM DIACHYLON CVM GVMMI.

Aus dem Empl. Diachyl. fimpl., G. Ammoniacum, Galbanum und Crocus.

Ein wirkſames erweichendes und Eiterung beförderndes Mittel.

EMPLASTRVM MERCVRIALE.

Aus Empl. Diachyl. fimpl., G. Ammoniacum, Queckfilber, Terpentin und Storax.

Kömmt in feinen Wirkungen mit dem Empl. de ranis c. Mercurio überein.

Achte Klasse.
Austroknende Mittel; *Exsiccantia*.

Unter troknende Mittel werden solche verstanden, welche die Eigenschaft haben, die Feuchtigkeiten in Geschwüren oder andern Theilen zu vermindern. Diese Wirkung besteht darinn, daß sie 1) die Mündungen der an der Oberfläche befindlichen Gefässe zusammenziehen, oder 2) die austriefenden Feuchtigkeiten einsaugen, und überhaupt auf diese Art 3) die Vernarbung befördern.

In der alten Chirurgie gebrauchte man meistens stark zusammenziehende und geistige Mittel, spirituöse Tincturen, Bleymittel, ohne Unterschied zu diesem Entzwek; oder man ließ erdhafte Pulver in die Theile streuen. Allein bey dieser Behandlung entsteht blos eine inflammatorische Trokenheit, die Ränder der Wunden und Geschwüre werden callös, und die ganze Oberfläche derselben ungleich und im Umfange schmerzhaft.

Bey der Wahl dieser Mittel kömmt es vielmehr darauf an, daß die vorhin erwähnten Eigenschafschaften untereinander im gehörigen Verhältnifs stehen. Sowohl die zu sehr zusammenziehenden als die zu stark einsaugenden Substanzen, sind mehr schädlich als nüzlich. — Ein sehr wirksames Mittel ist schon 1) *der bloße trokne Verband*, mit feiner weicher Charpie, oder dem gemeinen Schwamm. 2) *Gelinde zusammenziehende Mittel* und troknende Pulver: Bähungen aus dem Decoct der Chinarinde, oder grüner Wallnufsschaalen; das Schlangenpulver u. a. 3) Bleymittel, und 4) einige andre mineralische Pulver.

Die Anwendung dieser Mittel beschränkt sich hauptsächlich auf Geschwüre. Zum Verband feuchter Geschwüre, welche eine zu grosse Menge Eiter, oder ein scharfes Eiter geben. Bey schlaffen Geschwüren. Zur Verbefserung des unangenehmen Geruchs der Jauche in Krebsgeschwüren. Auch oedematöse Geschwulste werden durch troknende Substanzen, warmen Sand, geröstetes Salz, bisweilen ausgetroknet.

A. Aus

I. Aus dem Pflanzenreich.

LINTEVM CARPTVM.

Die trokne Charpie.

Terras über die Eigenschaften und den Gebrauch der Charpie in der Behandlung der Wunden und Geschwüre in den Samml. f. pr. Aerzte. X. B.

Die Güte und die Wahl der Charpie, ist keine ganz gleichgültige Sache. Eine schlechte, unreine Charpie macht die Oberfläche der Wunden und Geschwüre empfindlich und reizbar, und kann dadurch Schaden anrichten. Sie muſs aus weiſser, reiner, ungefärbter und nicht gesteifter Leinewand gezupft oder noch beſſer geschabt werden. Die Leinwand muſs auch nicht mit einer scharfen Lauge gebleicht oder vorher schon zu Verbandstüken gebraucht seyn. Eine gute geschabte Charpie, wie z. B. die englische, ist so, daſs sie das Mittel zwischen Wolle und Leinwand hält.

Die Charpie besizt ganz und gar keine besondren Heilkräfte, aber sie kann die Heilung der Wunden erleichtern. Sie verursacht wenn sie aufgelegt ist keinen Eindruk von Kälte; sie ist leicht, weich, biegsam, ohne Geruch; die Oberfläche der Wunde wird durch sie gegen die Luft und äuſre Reize geschüzt, fchüzt, und die häufig zerfliessenden Feuchtigkeiten werden dadurch eingesogen. Sie nimmt auch an und für sich keine faulichte Beschaffenheit oder Verderbnifs an, und kann sich, wenn sie an einem troknen Ort aufbewahrt wird, Jahre lang erhalten.

In frischen Wunden mit Verlust von Substanz und nach chirurgischen Operationen, ist die trokne Charpie eins der besten Mittel zum Verband, *und sie scheint fast besser zu bekommen*, als wenn sie mit einem erweichenden Mittel oder einer Salbe bestrichen ist. Sie faugt das Blut und die Feuchtigkeiten aus den Enden der zerschnittenen Gefässe in sich, und sie stillt die Blutung besser, als wenn sie mit irgend einer Feuchtigkeit benezt ist. Man hat nicht zu fürchten, dafs sie einen inflammatorischen Reiz und Schmerzen zuwege bringt. Noch nothwendiger wird der Gebrauch der troknen Charpie im zweyten Zeitraum der Wunden der Periode der Eiterung. *Terras* gebrauchte die trokne Charpie auch in gequetschten und complicirten Wunden. Er läfst über die Wunde blos Charpie legen und darüber zur Befestigung ein Diachylonpflaster, dann über dieses einen fchmerzlindernden und zertheilenden Breyumschlag, so lange bis die Wunde völlig in Eiterung steht. Die gewöhnlichen erweichenden Salben find oft zu reizend. In Geschwüren

schwüren ist der Gebrauch der Charpie ebenfalls sehr vortheilhaft, doch ist bey stark fliessenden Geschüren der Schwamm vorzuziehen, weil er mehr Feuchtigkeiten in sich fassen kann.

Man benuzt die Charpie in mancherley Formen, zu Plumaceaux, Bourdonnets, Tampons u. m.

PRAEPARAT.

Die aluminirte Charpie.

SPONGIA MARINA.

Der Seeschwamm.

Van Wy von dem Gebrauch des Schwammes in alten Geschwüren.

Man nimmt zu diesem Gebrauch hauptsächlich den faserichten Theil des Schwammes. Er ist elastisch und zieht eine grosse Menge von Feuchtigkeiten in sich, dagegen wird die schwere fette Materie zurükgelassen, und das Geschwür bleibt immer hinreichend mit dem natürlichsten Balsam bedekt. Wenn man den Schwamm allzulange gebraucht, so wird er hart, und verliert dann auch die nöthige Elasticität.

Der Gebrauch des Schwammes ist in Geschwüren welche viel Eiter geben von der grösten Wichtigkeit.

Er befördert die Heilung derselben, und vermindert die Zufälle welche von der Resorption des Eiters herrühren. *Kirkland* ließ nach Amputationen im Zeitraum der Eiterung die Wunde mit dünnen Schichten von Charpie bedeken, und über diese den Schwamm legen. Auf diese Art wird blos der dünnste Theil aufgesogen. In der Beinfäule ist der Gebrauch des Schwamms ebenfalls von grossem Nuzen. Man kann zugleich auch die zwekmässigsten Mittel dadurch in das Geschwür bringen.

Vor dem Gebrauch läst man den Schwamm in warmes Wasser tauchen, und wieder ausdrüken, daſs er blos einen gelinden Grad von Feuchtigkeit behält.

Der Preſsschwamm ist ein bequemes Mittel, um enge Wunden und Fisteln zu erweitern.

CORTEX PERVVIANVS.

Die Chinarinde (S. 79.).

NVX IVGLANS.

Cortex nucum iuglandum immaturorum. (Iuglans regia *L.*).
Die grünen Wallnusschaalen.

Hunczovsky über den Nuzen des Abſudes von grünen Wallnuſschaalen bey Geſchwüren.

Die grünen getrokneten Wallnuſschalen beſizen einen ſpecifiken Geruch und eine gelinde zuſammenziehende Kraft. *Hunczovsky* hat mit dem Decoct derſelben viele glükliche Verſuche angeſtellt, welche dieſes Mittel ſehr empfehlen. Es zeichnet ſich vor allen andern dadurch aus, daſs es die Feuchtigkeiten, welche aus den Gefäſſen ſiepern, und woraus die Narbe gebildet wird, nach und nach verdikt. Vorzüglich paſst es in ſolchen Fällen wo keine beträchtliche Entzündung, Verhärtung oder innerliche Schärfe vorhanden iſt. 1) In feuchten flechtenartigen Geſchwüren. 2) Bey breiten und ſchlaffen Geſchwüren. 3) Bey allen einfachen und flachen Geſchwüren überhaupt. Statt der Nuſschaalen kann man auch eine Auflöſung des wäſrichten Extracts zum Verband nehmen. Man läſst es mit Charpie oder Compreſſen überſchlagen. Wenn der Kranke einen ſchwächlichen Körper hat, ſo muſs man innerlich auch das Roob Cort. nucum iugland. und die Chinarinde damit verbinden.

SEMEN LYCOPODII.

Pulvis feminis lycopodii. (Lycopodium clavatum *L*).
Schlangenpulver, Schlangenmoos.

Das Pulver ist der Staub welcher in den Staubbeuteln enthalten ist. Es sieht aus wie Schwefelblumen, und zieht die Feuchtigkeiten ein, ohne eine Rinde oder Kleister zu bilden.

Es ist eins der besten Mittel als Streupulver gegen das Wundwerden der Kinder, bey dem Milchschorf, der Tinea capitis, wenn sie sehr fliessen; gegen aufgesprungene Brustwarzen um diese auszutroknen.

CALAMVS AROMATICVS.

Radix Calami aromatici. Kalmuswurzel.

Die Wurzel hat einen aromatischen scharfen Geruch und Geschmak. Man benuzt sie im Decoct, oder in Pulver zur Reinigung spekichter Geschwüre, und um diese zugleich auszutroknen. *Justamond* liess das Pulver in krebshafte Geschwüre streuen, um den unerträglichen Geruch zu verbessern, entweder für sich allein oder mit so viel gepulvertem Salmiak als es der Kranke vertragen konnte, zugleich liess er äusserlich über die Verbände Compressen mit Spiritus durchnezt überlegen.

Man

Man gebraucht das Pulver auch zum Beſtreuen der Pillen, damit ſie nicht zuſammenkleben.

IRIS FLORENTINA.

Radix Ireos Florentinae. Florentiniſche Violenwurzel.

Die Wurzel iſt ſchön weis, ſcharf, ſüslicht bitter von Geſchmak, und von veilchenartigem Geruch. Man benuzt ſie ihres angenehmen Geruchs wegen unter Zahnpulver, und läſſt die Pillen damit beſtreuen.

Die Wurzel der gemeinen blauen Schwerdlinie (Iris noſtras), kömmt wenn ſie geſchwind getroknet wird, in allen Stüken mit der florentiniſchen Violenwurzel überein.

AMYLVM.

Die Stärke, Stärkemehl.

Man bedient ſich des Stärkemehls ebenfalls als eines austroknenden Mittels. Es hat die unangenehme Eigenſchaft, daſs es mit den Feuchtigkeiten, welche es einſaugt, einen Kleiſter bildet, und die Gefäſſe der Haut verklebt. Daher iſt die Anwendung gegen das Wundſeyn der Kinder, in der Tinea capitis u. a. nicht zu empfehlen.

Das Stärkemehl wird mit Milch vermifcht, hin und wieder als ein Hausmittel gegen Verbrennungen benuzt. In Klyftiren, in der Ruhr, befonders wenn der Stuhlzwang heftig ift, ift die Verbindung deffelben mit Opium von groffem Nuzen.

II. Aus dem Mineralreich

Die Bleykalke. Calces faturninae.

Percival Verfuche über das Bley und die Bleyzubereitungen. Aikin von dem äufferlichen Gebrauch der Bleymittel.

MINIVM.

Die Mennige. Ein Bleykalk von hochrother Farbe.

Man gebraucht das Bley als ein chirurgifches Mittel blos in Form der Kalke. Es ift ein mineralifches Gift für den menfchlichen Körper, welches fpecififche Wirkungen hervorbringt, und felbft die äufferliche Anwendung deffelben ift nicht ganz unfchuldig.

Die Mennige ift der allerreinfte Bleykalk, und befizt eine austroknende, kühlende und zufammenziehende Eigenfchaft, für fich allein wird fie nicht gebraucht, fondern gewöhnlich in Verbindung mit Fetten und Oelen.

PRAE-

Praeparate.

1) *Vnguentum de minio*, zur Heilung der Brandschäden und kleiner Geschwüre.

2) *Emplastrum de minio rubrum.*

3) *Tinctura minii.* Salchow ließ aus der Mennige mit Weineſſig eine Tinctur bereiten, welche er dem gewöhnlichen Bleyextract noch vorzieht. (Chirurgische Bemerkungen). Die Wirkung ist doch nicht verschieden.

Lithargyrivm.

Die Silberglätte, Bleyglätte, halbverglaſstes Bley; wird bey der Reinigung des Silbers als Nebenproduct erhalten.

Die Silberglätte kömmt in ihren Wirkungen mit den übrigen Bleykalken überein. Sie ist ebenfalls austroknend, zusammenziehend, und ein Beſtandtheil von allen austroknenden und heilenden Pflaſtern und Salben.

Praeparate.

1) *Vnguentum de lithargyrio.*

2) *Emplastrum Diachylon simplex.*

3) *Acetum lithargyrii.*

ACETVM LITHARGYRII.

Silberglätteſſig. Eine Auflöſung des Bleyes in der Eſſigſäure.

Es kömmt bey der Bereitung darauf an, daſs die Eſſigſäure völlig mit Bley geſättigt iſt. Wenn man den Silberglätteſſig mit dem reinſten deſtillirten Waſſer verdünnt, ſo ſchlägt ſich eine Menge von einem weiſſen Pulver daraus nieder, welches wahres Bleyweis iſt.

Der Silberglätteſſig hat einen zuſammenziehenwiderlich ſüſſen Geſchmak, und eine zuſammenziehende und kühlende Eigenſchaft. Man gebrauchte ihn ſchon in alten Zeiten mit Waſſer verdünnt gegen Geſchwüre und verſchiedene Hautkrankheiten, oder auch mit Oelen verbunden in Salben und Pflaſtern. In neuern Zeiten iſt er hauptſächlich durch *Goulard* weiter verbreitet, und unter dem Namen Extractum Saturni berühmt geworden. (Traité ſur les effets & la preparation du plomb). Der Unterſchied beſteht hauptſächlich darinn, daſs es eine ſtark concentrirte Bleyauflöſung iſt. Für ſich allein wird er nicht benuzt weil er zu ſcharf iſt.

PRAEPARATE.

1) *Aqua vegeto mineralis Goulardi*; das Goulardſche Bleywaſſer, (*Georg Murray* de Extracto Saturni

turni et aqua vegeto minerali. Gott. 1778). Mit Waſſer verdünnter Silberglätteſſig. Die Bereitungsart iſt faſt in allen Apothekerbüchern verſchieden, und daher iſt auch die Miſchung unſicher. Gemeiniglich pflegt man zu dem Waſſer etwas Weingeiſt oder deſtillirten Eſſig zuzuſezen, um die Decompoſition zu verhüten, allein dadurch wird es reizend, und in allen Fällen wo man Schmerzen mildern will, nachtheilig. Am ſicherſten läſst man es jedesmal mit deſtillirtem Waſſer ſelbſt bereiten, und den gehörigen Grad der Stärke geben. Zwey Drachm. Extract geben mit vier Unzen deſtillirtem Waſſer ſchon eine ſehr concentrirte Miſchung.

Die Wirkungen des Bleywaſſers ſind verſchieden, nachdem es mehr oder weniger concentrirt iſt. Iſt es ſtark concentrirt, ſo wirkt es als ein reizendes und adſtringirendes Mittel; hingegen iſt es ſchwach, ſo beſizt es lindernde, kühlende, gelinde zuſammenziehende und zertheilende Eigenſchaften. Bey ſchmerzhaften Entzündungen, zumal in Entzündungen der Augen muſs es ſehr diluirt ſeyn. Man läſst zu einer Unze Waſſer von dem Extract. Saturni blos tropfenweiſe zumiſchen.

Goulard nannte das Bleywaſſer ein Specificum gegen alle äuſſre Krankheiten. Wiewohl man

dies

dies im eigentlichen Sinne nicht nehmen darf, so ift doch immer der Gebrauch deffelben fehr ausgebreitet. 1) In *äuffern Entzündungen*, Verbrennungen, dem Tripper, dem Panaritium und in fchmerzhaften Entzündungen überhaupt; ausgenommen in rofenartigen Entzündungen. *Cullen* beobachtete, dafs der Theil darnach brandicht wurde. 2) In *Gefchwüren* und chronifchen Hautausfchlägen. Zu Injectionen um Fifteln auszutroknen, in der Phimofis und Pamphimofis, gegen venerifche Gefchwüre, auch in faulen Gefchwüren. Als Wafchwaffer wider die Flechten, die chronifchen Hautausfchläge kleiner Kinder wenn fie eitern, u. m. Gegen das Wundwerden, das Durchliegen der Kranken. Diefe Anwendung bey offnen Gefchwüren und Wunden erfordert groffe Vorficht, weil zu viel Bleytheile aufgefogen werden können, und dann gefährliche Zufälle entftehen. 3) Um Gefchwülfte zu zertheilen. Gegen Drüfengefchwülfte, Gefchwülfte der Ohrendrüfen, Milchgefchwulfte in den Brüften, Scropheln, venerifche Hodengefchwulfte. 4) Gegen Quetfchungen und Blutunterlaufungen, auch in leichten Wunden.

Man bedient fich des Goulardfchen Bleywaffers entweder als Bähung oder als Umfchlag mit Semmelkrumen vermifcht. In diefer Form ift es noch

noch mehr lindernd und fchmerzftillend. Nach den Verfuchen die ich damit angeftellt habe, wirkt es auf die Muskelfafern beynahe fo, wie eine Auflöfung von Opium, und daraus läfst fich die fedative Eigenfchaft der Bleymittel leicht erklären; die Coliken und Verftopfungen, welche nach dem anhaltenden äuffern Gebrauch deffelben beobachtet find, fcheinen aus eben der Quelle zu entfpringen als die Verftopfungen von Opium.

So oft bey dem Gebrauch deffelben Schmerzen in den Gedärmen, Verftopfung, eine gelbe Gefichtsfarbe, und ein Zittern der Glieder entfteht, mufs man gleich mit dem Gebrauch eine Zeitlang ausfezen, um die Gefahr gleich bey ihrer erften Annäherung zu verhüten; die zwekmäffigften Gegenmittel find gelinde Abführungen, ölichte Mittel, und lindernde Klyftire.

Die innere Anwendung des Bleywaffers gegen Schwämmchen und die Bräune, welche *Salchow* empfohlen hat, ift zwar wirkfam, allein der Reforption wegen immer fehr bedenklich.

2) *Vnguentum Nutritum.*

3) *Ceratum Saturni Goulardi.* Aus Silberglätteffig mit Baumoel und Wachs verbunden. Wider Entzündungen, Verbrennungen, Gefchwüre.

SACCHARVM SATVRNI.

Der Bleyzucker. Ein Bleyfalz welches durch die Kryftallifation aus dem Silberglätteffig erhalten wird.

Der Bleyzucker wird faft allein in Holland in Fabriken bereitet. Er hat ebenfalls einen füslichten und dabey ftark zufammenziehenden Gefchmak. In deftillirtem Waffer bleibt er völlig aufgelöfst, und ift daher wegen der gröffern Menge der in ihm vorhandenen Säure, und weil er immer aufgelöfst bleibt, wirkfamer als das Goulardfche Waffer. Allein er ift nicht fo dienlich in Entzündungen, und ftillt auch den Reiz nicht fo gut als jenes Waffer. Man benuzt ihn mit Waffer aufgelöfst ftatt des Bleywaffers.

Aufferdem wird der Bleyzucker unter allen Bleymitteln am meiften gebraucht um herbe Weine zu verbeffern. Diefe Verfälfchung ift der Gefundheit fehr nachtheilig und ftrafwürdig. Man entdekt fie am gewiffeften durch die Hahnemannfche Weinprobe.

Man hat felbft innerlich auch den Bleyzucker gegen Gefchwüre der Lunge, in der Schwindfucht, und zur Stillung der Mutterblutflüffe benuzt. Gegen diefe Anwendung mufs man um fo mehr warnen, weil die Zufälle nach Blymitteln fich oft nur langfam

ein-

einstellen, und die Gesundheit desto eher untergraben. Die gewöhnlichsten Folgen sind heftige Coliken, Verstopfungen der Gedärme und Lähmungen.

CERVSSA.

Das Bleyweis. Bley welches durch Essigdampf in eine kalkartige Gestalt gebracht ist.

Das Bleyweis wird in eignen Fabriken in Holland, England, und in manchen Gegenden von Deutschland verfertigt. Es ist gewöhnlich mit Kreide vermischt, und daher sollte man es zu Salben und Pflastern nicht gebrauchen. Die reinste Sorte ist das sogenannte Schieferweis, wenn der Kalk noch die Lamellar Form der Bleyplatten hat.

In Ansehung der Wirkungen kömmt dieser Bleykalk mit den übrigen überein. Er ist gelinde zusammenziehend, saugt dabey die Feuchtigkeiten auf, und troknet. Aus eben dieser Ursache kann er sehr nachtheilig werden, wenn er unvorsichtig gebraucht wird, und dies geschieht hin und wieder von dem gemeinen Mann. Man kann sehr dadurch schaden, wenn man ihn zur Vertreibung der übelriechenden Schärfe der Füsse benuzt, wovon ich ein Beyspiel gesehen habe. Auch bey der Rose ist das Bestreuen mit Bleyweis, und die Anwendung des

des Bleyweispapiers sehr unsicher; eben so sehr auch bey kleinen Kindern um das Wundwerden zu verhüten. Die weissen Schminkmittel wozu Bleyweis genommen wird, sind oft die Ursache langwieriger Beschwerden, und selbst des frühzeitigen Ablebens geworden. (v. *Brambilla* Abhandl. von der Bleykolik).

PRAEPARATE.

1) *Vnguentum album simplex*, aus Schweineschmalz und Bleyweis zusammengerieben. Eine troknende und lindernde Salbe gegen Brandschäden, Geschwüre und Hautausschläge.

2) *Vnguentum album camphoratum*. Ist mehr zertheilend, in leichten Entzündungen, doch nicht in der Rose.

3) *Emplastrum album coctum*. Aus Baumoel Wachs und Bleyweis. Befördert das Austroknen und die Heilung der Wunden und Geschwüre.

FLORES ZINCI.

Die Zinkblumen, Zinkkalk.

Die Zinkblumen sind gelinde zusammenziehend und austroknend. Wenn man sie mit Wasser vermischt, so werden sie nicht aufgelöst, aber wegen des

des feinen Pulvers, welches zu Boden fällt, find fie in manchen Fällen wirkfamer als eine Auflöfung des Zinkvitriols. Man bedient fich ihrer 1) in Augenentzündungen, befonders wenn die Augenlieder fchwürig find; und in chronifchen feuchten Augenentzündungen. 2) Gegen flechtenartige Ausfchläge mit Schweinefchmalz zur Salbe gemacht, bey aufgefprungenen Lippen und Bruftwarzen. 3) Zur Verbefferung des üblen Geruchs in krebshaften und faulen Gefchwüren, äufferlich eingeftreut (*Juftamond*).

Der Galmei (Lapis Calaminaris) die Tutie (Tutia praeparata), und das Nihilum album, find bloffe Zinkkalke, welche auf eben die Art wirken als die Zinkblumen, und daher entbehrlich.

VITRIOLVM ALBVM.

Zincum vitriolatum. Weiffer Vitriol, Gallizenftein; Zink in Vitriolfäure aufgelöft, und kryftallifirt.

Die Kryftallen zerfallen fehr leicht an der Luft, daher erhält man ihn immer in Klumpen. Er wird vom Waffer leicht aufgelöft.

Er ift eins der fchäzbarften Mittel in Augenentzündungen in Waffer aufgelöft; oder noch mehr wenn man ein Ey hart kochen und erkalten läfst, dann

dann den Dotter herausnimmt, und die Hölung mit weiſſem Vitriol ausfüllt, und den durch die Feuchtigkeiten des Eyes aufgelöſsten und zerfloſſenen Saft anwendet. Das entzündete Auge verträgt dieſes Mittel ungemein gut. Gegen die Geſchwüre und die Verdunkelung der Hornhaut iſt es ebenfalls wirkſam. 2) Wider die Schwämmchen der Kinder in Verbindung mit Roſenhonig *(Selle)*, in der wäſtichten Bräune zum Einſprüzen und Gurgeln. *Weikard* lieſs gegen die Zahnſchmerzen von hohlen Zähnen eine kleine Kugel in den Zahn ſteken.

FLORES SVLPHVRIS.
Die Schwefelblumen.

Der Schwefel beſizt äuſſerlich in Geſchwüren angewendet, eine troknende und reinigende Kraft. Man macht daher beſonders in eiternden Krankheiten der Haut Gebrauch davon, namentlich in der Kräze. Auch zum Einſtreuen in Geſchwüre, hauptſächlich in krebshafte Geſchwüre um den Geruch zu verbeſſern, iſt er ſehr heilſam. *Juſtamond* lieſs 4 Pf. fein pulveriſirten Schwefel mit einem Pfunde weiſſen Arſenik zuſammenſchmelzen, und die erhaltene Maſſe in die Krebsgeſchwüre ſtreuen. Es verbeſſert den üblen Geruch und Abfluſs der Jauche, und der

doch nicht die nöthige Vorsicht dabey vergessen.

Gegen die Kräze gebraucht man am meisten die Schwefelblumen, mit Fetten und Oelen verbunden, als Salbe. Diese Anwendungsart ist die allerschlechteste, weil die Fette die Hautgefässe verstopfen und die Haut unrein machen. Die beste Schwefelsalbe ist die *Jasserssche* Krätzsalbe. Als Waschwasser und zum Baden, sind die schwefelhaltigen Mineralwasser gegen die Krankheiten der Haut sehr wirksam. *Bell* gebrauchte ein Waschwasser aus Schwefelblumen und Bleyzucker mit Rosenwasser verbunden, gegen hartnäkige Flechtenartige Ausschläge im Gesicht mit dem besten Erfolg.

PRAEPARATE.

1) *Emplastrum Diasulphuris* Rulandi. Aus Terpentin, Leinoel und Schwefel bereitet, bey eiternden Scropheln; ist entbehrlich.

2) *Vnguentum ad Scabiem*. Mehrere Salben gegen die Kräze enthalten Schwefelblumen. Die *Jasserische* besteht aus gleichen Theilen Lorbeeren, weissem Vitriol und Schwefelblumen mit Baumoel gemischt. Die *Pringlesche* aus Schwefelblumen, Salmiak und Schweineschmalz.

AQVA CALCIS.
Das Kalkwasser.

Das Kalkwasser hat einen herben, zufammenziehenden beynahe äzenden Geschmak, und besizt auch äusserlich gebraucht, eine gelinde zusammenziehende austroknende Kraft, und die Eigenschaft das Eiter zu verdiken.

Man benuzt es daher: 1) zur Heilung der Geschwüre welche stark fliessen, und ein dünnes Eiter geben: zu Einsprüzungen und Bähungen wider den Tripper. 2) Bey schlaffen Geschwüren, um die Spannkraft des Theils wieder herzustellen, scorbutischen Geschwüren, Scropheln, Caries der Knochen. 3) Zur Reinigung fistulöser Geschwüre. Gegen die Blasensteine hat man es empfohlen in die Blase eingesprüzt. Am wirksamsten ist es wenn es allein gebraucht wird. Die Verbindung mit dem Chinadecoct welchen einige empfehlen, und noch immerfort anwenden, ist nach den Versuchen von *Irwing* sehr unzwekmässig; das Kalkwasser wird durch die China decomponirt.

Die Kalkerden besizen ebenfalls eine absorbirende, troknende Eigenschaft. Sie werden blos nur von Zahnärzten unter Zahnpulver angewendet.

OLEVM

OLEVM TARTARI PER DELIQVIVM.
An der Luft zerflossenes Pflanzenlaugenfalz.

Diefes Mittel befizt die Eigenfchaft das Eiter zu verdiken und zu verändern, in einem noch viel ftärkern Grade als das Kalkwaffer. Es ift daher als eine Probe das Eiter von andern kranken Feuchtigkeiten zu' unterfcheiden von groffer Wichtigkeit.

Unter allen Verfuchen welche damit angeftellt worden, find die von *Grasmeyer* am zuverläffigften (Abhandlung vom Eiter und den Mitteln ihn von allen ihm ähnlichen Feuchtigkeiten zu unterfcheiden 1790). Es kommt aber dabey auf das Verfahren an. Wenn die Probe gelingen foll, fo mufs man zuerft das Eiter mit ohngefähr zwölfmal fo vielem Waffer, am beften Regenwaffer, oder deftillirtem Waffer, welches auch lauwarm feyn mufs, verdünnen, und genau zufammen mifchen. Ift das Eiter fehr dünne, fo nimmt man weniger Waffer; dann fchüttet man voh dem Oleo tartari per deliquium etwa fo viel hinzu als die Quantität des Eiters ausmacht, und mifcht dies mit einem Stäbchen recht rafch untereinander. Es dauert nicht lange, fo wird diefes ganze Gemifche in eine Gallerte verwandelt, die wie Eyweis lange und dike Fäden ziehen läfst. Nachdem das Eiter gut ift, entsteht die Gallerte schneller, und zäher: ist es aber schlechter so ist die Gallerte nicht so zusammenhängend und wird später gebildet. Bey ganz gutem Eiter entsteht sie schon, wenn man kaum das Oleum Tartari per deliq. zugegossen hat. Der schlechteste Eiter aber erzeugt sie innerhalb einer halben Stunde so auffallend, daß man sie nicht verkennen kann. Diese Gallerte verändert sich nicht, wenn sie auch vier Wochen und länger stehen bleibt.

Bolvs.

Bolus rubra, alba, Armena. Rother und weisser Bolus.

Die Bolarerden sind fettig anzufühlen, und wenn sie zerstossen werden, geben sie ein feines sanftes Pulver. Ihrer anziehenden und troknenden Kraft wegen gebraucht man sie hin und wieder zum Einstreuen bey Schwärungen des Nabels kleiner Kinder, wenn der Nabel zu früh abgerissen ist *(Plenk)*. 2) Zu Zahnpulvern, unter Zahnlattwergen. 3) In Augenfehlern vorzüglich dem Fell auf dem Auge, als ein gelinde reizendes Mittel.

Die Walkererde, eine fette Thonart, wird häufig wider das Wundwerden kleiner Kinder, und bey Geschwüren welche eine scharfe Feuchtigkeit geben, in England gebraucht.

Neunte Klasse.
Niesemittel; *Errhina, Ptarmica, Sternutatoria.*

Die Niesemittel sind Arzneien, welche den Ausfluſs der Flüſſigkeiten aus der Naſe befördern. Die Wirkungen welche ſie hervorbringen, beruhen theils auf die Erſchütterung, theils auf die Ausleerung und verſtärkte Abſonderung der ſchleimichten Feuchtigkeiten. Es iſt wahrſcheinlich, daſs ſie mehr oder weniger auf die Gefäſſe des Kopfs überhaupt Einfluſs haben können.

Man bedient ſich dieſer Mittel I. gegen chroniſche Beſchwerden am Kopf, rheumatiſchen Kopfſchmerzen, Ohrenſchmerzen, Zahnſchmerzen, Stokſchnupfen, veraltete Catarrhe. II. In Augenkrankheiten, alten Ophthalmien von rheumatiſcher und gichtiſcher Materie, dem ſchwarzen Staar zumal im Anfang, wo man auf die Vertroknung des Schleimabgangs vorzüglich Rükſicht nehmen, und dieſen wo möglich wieder herzuſtellen bemüht ſeyn ſollte. Vielleicht können ſie auch zur Verhütung der Apoplexie von Nuzen feyn. Auch in dem anfangenden grauen Staar. III. Wenn fremde Körper, Infecten in die Schleimhölen gekommen find.

Die Mittel welche man dazu anwendet felbft, find in Anfehung ihrer Beftandtheile verfchieden; entweder find fie erweichend oder reizend. In den Fällen wo fich ein zäher verhärteter Schleim in der Nafe angefammlet hat, find die erweichenden Mittel, warme wäfrichte Dämpfe, warmes Waffer, warme Milch, welche man einziehen läfst, die zwekmäffigften. Die reizenden Mittel hingegen, find zur Vermehrung der Abfonderung des Schleims vorzüglicher. Allein fo heilfam ihre Wirkungen in vielen Fällen feyn können, fo müffen fie mit groffer Vorficht gebraucht und wohl gar vermieden werden, wenn die Kranken an Congeftionen nach dem Kopf leiden, oder andre Befchwerden haben, wo die Erfchütterung nachtheilig werden könnte. Der Unterfchied welcher bey diefen Mitteln ftatt findet, hängt blos von dem verfchiedenen Grade der Schärfe ab.

I. Aus

I. Aus dem Pflanzenreich.

NICOTIANA TABACVM.

Pulvis Herbae Nicotianae. Der Schnupftobak.

Als Arzneimittel ist der Tobak zur Derivation der Säfte von den Augen und dem Gehirn sehr dienlich; wenige Mittel werden aber so allgemein gemifsbraucht. Die Anwendung kann nur von Wirkung seyn, wenn Personen daran nicht gewöhnt sind.

MAIORANA.

Pulvis Herbae maioranae. (Origanum Maiorana L.). Majoran.

Das Kraut hat einen angenehmen und durchdringenden Geruch. Es führt den Schleim aus der Nase beträchtlich stark ab. Das destillirte Wasser erregt, wenn es in die Nase gezogen wird, ebenfalls Niesen.

PRAEPARAT.

Balsamus Maioranae. Erweicht den zähen Schleim in der Nase und reizt gelinde. Man läst ihn kleinen Kindern welche an Verstopfungen der Nase leiden, mit Nuzen in die Nase streichen.

Flores Lavendulae, Arnicae, Herba Betonicae, Salviae; Mari (Teucrium marum L.), *Radix Ireos*

Ireos Florentinae, Valerianae u. a., wirken auf ähnliche Art.

CONVALLARIA.

Flores liliorum convallium. (Convallaria maialis *L.*).
Maiblumen, Lilieconvalle.

Die Blumen haben einen angenehmen Geruch und scharfe flüchtige Theile. Sie sind als ein Niesemittel welches die Nerven ungemein reizt, empfohlen worden.

ASARVM.

Folia, Radix Asari. (Asarum Europaeum *L.*).
Haselkraut.

Die Blätter und Wurzel sind ein starkes Niesenerregendes Mittel, worauf zuweilen eine Blutung erregt wird. Gemeiniglich erfolgt die Wirkung erst einige Zeit nach der Anwendung. In hartnäkigen Fällen läfst man ohngefähr einen Scrupel nach und nach nehmen. Die Blätter sind viel gelinder als die Wurzel.

HELLEBORVS.

Radix Hellebori albi. (Veratrum album *L.*). Weiſse Nieswurzel.

Sie ist nicht sehr scharf und stark von Geruch, aber ihre Wirkungen sind sehr heftig. Am besten

beſten paſst ſie in hartnäkigen Fällen als Zuſaz zu andern Nieſemitteln.

EVPHORBIVM.

Gummi Euphorbii.   Euphorbium.

Ein gefährliches äzendes Mittel, wofür ſehr zu warnen.

SVCCVS BETAE RVBRAE.

Iſt nur ein gelindes Nieſemittel.

SACCHARVM.

Saccharum officinarum.   Der Zucker.

Der fein zerſtoſſene Zuker wirkt ebenfalls als ein Reiz für die Schleimhaut. Man läſst ihn beym ſtokenden Schnupfen als Schnupftobak nehmen.

PVLVIS STERNVTATORIVS PHARMA- COPOEORVM.

Alle dieſe Pulver ſind ſehr zuſammengeſezt.

II. Aus

MERCVRIVS DVLCIS.
Das versüsste Queckstlber.

Die Queckstlbermittel verursachen einen sehr heftigen Reiz an der schneiderschen Haut und starke Entzündung. Sie müssen mit grosser Behutsamkeit angewendet werden und nur in hartnäkigen Fällen. *Boerhave* gebrauchte in Augenzufällen eine Mischung von zehn Gran gepulvertem Zucker und einem Gran versüsstes Queckstlber, wovon der Kranke nach und nach einige Gran nehmen musste. Noch kräftiger ist das *Kleberfche Niefepulver*, welches aus Merc. dulcis, Kampher, Resina Guajaci, Zucker und Chinapulver besteht. (Samml. auserlesn. Abhandl. für pr. Aerzte. IX. B. S. 35.). Es erregt ein 20 bis 30 mal wiederholtes Niesen, und ist gegen den schwarzen Staar mit gutem Erfolg verschiedentlich gebraucht worden.

TVRPETHVM MINERALE.

Ist ein noch stärkeres Reizmittel, dessen man entbehren kann.

VITRIOLVM ALBVM.

Man läſst ein oder ein paar Gran weiſſen Vitriol zu andern Nieſemitteln ſezen, um die Wirkſamkeit zu vermehren. *Hoffmann* empfahl eine Auflöſung davon in Waſſer, wider den Stokſchnupfen und verhärteten Schleim in den Naſenhölen, in Verbindung mit den Dämpfen von warmer Milch. Er ließ einen Scrupel weiſſen Vitriol in einer Unze aqua Majoranae auflöſen. *Mellin* hob durch dieſe Auflöſung einen heftigen Schmerz in den Stirnhölen.

Zehnte Klasse.

Speichel erregende Mittel, Käumittel; *Masticatoria*.

Die Wirkungsart der Käumittel kömmt mit den Niesemitteln sehr überein. Sie bestehen aus gewissen scharfen Substanzen, welche durch ihren örtlichen Reiz einen Zusammenfluss von Speichel verursachen. Ein jeder fester und harter Körper kann zu diesem Endzwek benuzt werden. Selbst die blosse Bewegung der Kinnlade und der Zunge befördert schon den Zufluss. Gemeiniglich aber wählt man solche aus, welche zugleich eine Schärfe besizen.

Die Anwendung dieser Klasse von Mitteln, findet hauptsächlich statt: I. wenn rheumatische Stokungen in irgend einem Theile des Mundes entstanden sind; im Zahnweh, Ohrenschmerzen, Verstopfung der Eustachischen Trompete u. a. II. In der Lähmung der Zunge, und Zufällen der Erschlaffung der Theile. III. Bey critischen Speichelflüssen. IV. Um den üblen Geruch aus dem Munde zu verbessern.

Man

Man läſst ſie entweder käuen, oder das Decoct davon im Munde halten und mit dem Speichel ausſpuken. Auch das Räuchern mit harzichten Subſtanzen, das Rauchen des Tobaks, wird zu dieſem Endzwek oft mit Nuzen angewendet.

PYRETHRVM.

Radix Pyrethri. (Anthemis Pyrethrum *L.*). Speichelwurzel, Bertramwurzel. In Italien und Frankreich wild; wird in einigen Gegenden von Deutſchland cultivirt.

Die Wurzel hat keinen Geruch, aber einen ſcharfen und faſt brennenden Geſchmak. Sie ward ſchon in alten Zeiten gegen Zahnſchmerzen und Lähmungen der Zunge gebraucht.

PIMPINELLA.

Radix pimpinellae albae. (Pimpinella Saxifraga *L.*). Pimpinelle. Auf ſteinichten Hügeln und troknen Wieſen.

Sie hat Anfangs einen bittern, hernach aber ſüſſen und aromatiſchen Geſchmak.

IMPERATORIA.

Radix Imperatoriae. (Imperatoria Oſtruthium L.). Meiſterwurz. Auf den Schweizer und Oeſterreichiſchen Gebirgen.

Die Wurzel hat einen ſtarken gewürzhaften Geruch und einen ſcharfen etwas bitterlichen aromatiſchen Geſchmak.

ANGELICA.

Radix Angelicae. (Angelica Archangelica L.). Angelik. Auf den Alpen und Pyrenaeiſchen Gebirgen.

Der Geſchmak der Wurzel iſt ſcharf, gewürzhaft; doch milder als die vorhin angeführten.

ARMORACIA.

Radix Armoraciae. Der Meerrettig.

Die friſche Wurzel iſt ein ungemein kräftiges Reizmittel, in paralytiſchen Beſchwerden der Zunge. Als ein Hausmittel benuzt man ſie auch wider rheumatiſche Zahnſchmerzen, an das Zahnfleiſch gelegt.

Die feinern Gewürze: der Zimmt (Cort. Cinamomi), die Gewürznelken, (Caryophylli aromatici), der Ingber (Radix Zingiberis), die Senfſaamen und ähnliche, können ebenfalls als Speichelerregende Mittel benutzt werden. Auch die

aetheri-

aetherischen Oele auf Zuker getropft, den man langsam im Munde zerfliessen läfst; hauptsächlich in Lähmungszufällen.

Um den üblen Athem zu verbessern, bedient man sich der wohlriechenden Gummiarten, z. B. der Myrrhe u. a., des Ambers, der Pommeranzenschaalen, und ähnl.

Eilfte Klasse.
Von den Klystiren und Stuhlzäpfchen; *Enemata, Suppositoria.*

Kaempf Abhandlung durch eine neue Methode die hartnäkigsten Krankheiten des Unterleibs gründlich zu heilen.
Schaden und Misbrauch der Klystire ein Gegenstük zu Hrn. Kämpfs Abhandlung. Leipzig. 1789.
Pfaff Historia Clysterum pathologico therapeutica. Ienae. 1780.

Die Anwendung der Klystire ist sehr ausgebreitet, und ihre Wirkungsart äufserst verschieden.

Als ausleerende Mittel ſind ſie in manchen Fällen ſelbſt den innerlichen abführenden Mitteln vorzuziehen, weil ſie eine geſchwindere und leichtere Hülfe verſchaffen, und unter Umſtänden angewendet werden können, wo die eigentlichen Abführungsmittel Nachtheil erregen würden. In eigenthümlichen Krankheiten des Darmkanals ſind ſie Hauptmittel.

Man unterſcheidet nach den Indicationen und den Mitteln welche man dazu anwendet,

I. Ausleerende Klyſtire, um den Darmkanal zu reinigen.
II. Schmerzſtillende.
III. Zuſammenziehende, ſtärkende.
IV. Nährende.
V. Viſceralklyſtire.
VI. Reizende Klyſtire.

Die ausleerenden Klyſtire wirken theils als erweichende anfeuchtende Mittel vermöge ihrer Flüſſigkeit, theils durch ihren Reiz, indem ſie die wurmförmige Bewegung der Gedärme verſtärken: vermittelſt ihrer Beſtandtheile können ſie zugleich auch auf die vorhandenen Unreinigkeiten Wirkung haben.

Man bereitet diefe Art von Klyftiren aus bloffem warmen Waffer, oder dem Decoct der Habergrüze (avena excorticata), Althaewurzel, oder Milch und ähnlichen erweichenden Mitteln, mit Honig oder Oelen verbunden. In Fällen wo die Ausleerung einen ftärkern Reiz erfordert, bedient man fich dazu der Salze, des Kochfalzes, Glauberfalzes, Weinfteinfalzes, der Molken, der Seife, des Zuckers, oder eines Aufguffes von Sennesblättern, von Rhabarberwurzel, u. a.

Sie find hauptfächlich hülfreich: 1) In Fällen wo es blos hinreichend ift Oeffnung zu verfchaffen, ohne den ganzen Darmkanal auszuleeren, zumal bey fehr reizbaren fchwächlichen Kranken. 2) In Entzündungskrankheiten, wo eine groffe Trokenheit der Gedärme ift, um diefe anzufeuchten, und zugleich gelinde Ausleerung zu verfchaffen. 3) Wenn Unreinigkeiten in den diken Gedärmen angefammlet find, in Wurmbefchwerden. Die ftärker ausleerenden Klyftire erregen einen gröffern Zufluſs der Säfte nach dem Darmkanal, und können als ableitende Mittel zuweilen von Nuzen feyn.

Ueberhaupt aber find die Klyftire nur als Palliativmittel zu betrachten; und man darf fie nicht zur Hauptcur machen. Werden fie anhaltend gebraucht, fo verurfachen fie eine Schwäche des Darmkanals und eine kränkliche Reizbarkeit, und können aus diefem Grunde bey hypochondrifchen und hyfterifchen Perfonen groffen Nachtheil verurfachen. Sie leiten aufferdem die Säfte zu fehr nach den Gedärmen, und machen diefe zum allgemeinen Depot; dies kann keinesweges gleichgültig feyn, da von der guten Befchaffenheit der Gedärme unfere Gefundheit am meiften abhängt.

Die *fchmerzftillenden befänftigenden* Klyftire, werden entweder blos aus erweichenden, fchleimichten und oelichten Mitteln bereitet, welche den Reiz befänftigen, einhüllen, und die Gedärme erfchlaffen; oder aus narcotifchen und krampfftillenden, welche die Reizbarkeit des Darmkanals abftumpfen. Man bedient fich dazu der erweichenden Decocte aus Herb. Malvae, Altheae, Verbafci, Flor. Chamomillae, Capitum papaveris, der Milch; Auflöfungen von G. Arabicum, oder des Stärkemehls. In Verbindung mit Oelen befonders Ol. lini, oder des Opiums, oder Extract. Opii. Die Praeparate: Tinct. Thebaica, oder das Laud. liquid. find weniger fchiklich, weil fie reizende Nebeneigenfchaften befizen. In Zufällen von Coliken und in Krämpfen des Darmkanals welche mit Schmerzen

versie von grosser Wichtigkeit. In hysterischen Krämpfen kann man auch Asa foetida, Valeriana u. a. unter die Klystire nehmen lassen.

Die *zusammenziehenden, stärkenden* Klystire, sind in Zufällen von Schwäche des Darmkanals sehr-hülfreich. Hauptsächlich 1) bey allen Beschwerden die von Blähungen entstehen, in hysterischen Koliken. 2) Gegen Haemorrhoidalzufälle, besonders zur Kur der schleimichten Haemorrhoiden. 3) Nach Vorfallen (Prolapsus) der Gedärme, zur Stärkung.

Man bedient sich dazu der Aufgüsse und Decocte adstringirender Substanzen: Herb. Hyssopi, Scordii, Millefolii, Rad. Bistortae, Cort. Peruv. Salicis u. a.; die man mit Wasser oder rothem Wein bereiten läfst. Sehr wirksam sind auch die Klystire von blossem kalten Wasser, oder Wasser und Essig.

Die *nährenden Klystire* vertreten die Stelle der Nahrungsmittel in Krankheiten des Halses und des Ocesophagus, wenn der Kranke nicht schluken kann. Man nimmt dazu Fleischsuppen, Kraftbrühen, Milch, überhaupt flüssige Nahrungsmittel.

Die *Visceralklystire* welche *Kaempf* als eine Hauptkur in Krankheiten des Unterleibs empfahl, und welche aus den fogenannten feifenartigen Extracten hauptfächlich bereitet werden, haben, wie es gewöhnlich mit folchen Sachen zu gehen pflegt, durch die unfchikliche Anwendung und den Misbrauch derfelben, vielen Nachtheil geftiftet, und die Erfindung fich felbft Klyftire beyzubringen, hat fehr vieles dazu beygetragen. Alle Einfchränkungen welche von dem häufigen Gebrauch der abführenden Klyftire gelten, treffen auch bey diefen zu.

Die *Reizenden Klyftire* erfordern eine noch gröfsre Vorficht als die übrigen Arten: Vor allen Dingen darf keine Entzündung der Gedärme vorhanden feyn, weil fie diefe ohnehin fchon erregen können. Auch bey fehr reizbaren Perfonen können heftige Krämpfe und Convulfionen dadurch bewirkt werden.

Man bedient fich ihrer hauptfächlich bey apoplektifchen und foporöfen Zufällen, in hartnäkigen Verftopfungen, und zur Widerherftellung anfcheinend leblofer Perfonen. Wenn fie in einer zu groffen Menge und zu ftark gebraucht werden, fo können fie die fchwache Wirkung des Lebens welche fie erregt haben, wieder zerftören. Eine jede

Auslee-

Ausleerung muſs nothwendigerweiſe die Lebenskräfte ſchwächen.

Man läſst dieſe Klyſtire aus den Aufgüſſen und Decocten von aromatiſchen Subſtanzen bereiten, und noch durch den Zuſaz ſcharfer reizender Mittel, z. B. Salmiak, Kochſalz, Tartarus emeticus, u. a. verſtärken. *Schnucker* lieſs in der Abſicht Aqua benedicta Rulandi oder Oxymel ſquilliticum zuſezen.

Die *Klyſtire von Eſſig* befördern ebenfalls durch ihren Reiz die Ausleerung, und ſind zugleich zuſammenziehend und ſtärkend. Sie leiſten ſehr groſſen Nuzen in hartnäkigen Leibesverſtopfungen, und Beſchwerden von Anhäufung harter Unreinigkeiten. Auch in hartnäkigen Blähungszufällen ſind ſie ſehr hülfreich; doch iſt auch in manchen Fällen der Reiz ſowohl als die Säure nachtheilig. Gemeiniglich nimmt man gleiche Theile Waſſer und Eſſig gemiſcht.

Die Menge der Flüſſigkeiten welche auf einmal beygebracht werden kann, iſt nach dem Alter und der Abſicht verſchieden. Gemeiniglich beſtimmt man von einem abführenden Klyſtir im allgemeinen das Quantum zu 8 Unzen für einen Erwachſewachfenen; und für ein Kind zu 2, 3 Unzen. Von einem nährenden Klyftir zu 4 bis 6 Unzen. Eine kleinere Menge wird von dem Darmkanal länger behalten als eine gröffere; und wenn man auch die Abficht hat auszuleeren, fo ift es immer beffer, dafs man eine kleinere Quantität als acht Unzen nehmen läfst, damit die Wirkung nicht zu frühzeitig erfolgt. Hingegen wenn man blos den Darmkanal ausfpülen will, z. B. zu Klyftiren gegen Afcariden, kann man felbft eine gröfsre Menge nehmen. Bey nährenden Klyftiren ift es nothwendig, dafs man vorher erft die Gedärme durch ein Klyftir aus warmem Waffer, oder einem erweichenden Decoct ausfpült, damit die Nahrungsmittel defto leichter zurükbehalten werden.

Die Dofis der Mittel welche zu Klyftiren genommen werden, läfst fich ebenfalls nicht genau beftimmen. Im Allgemeinen rechnet man, dafs fie drey bis viermal ftärker feyn mufs, als wenn fie durch den Mund genommen werden. Man mufs dabey immer auf die Nebenwirkungen, und auf den befondern Zuftand der Reizbarkeit des Darmkanals Rükficht nehmen.

Eben fo fchwer läfst fich angeben, welchen Grad der Wärme oder Kälte Klyftire haben müffen.

Die

so dafs fie an der Bake gehalten, keine unangenehme Empfindung, fo wenig von Hize als Kälte verurfachen. Die kalten Klyftire zur Stärkung des Darmkanals müffen nicht ganz kalt feyn, fondern eine temperirte Kälte haben.

Die Klyftire dringen in gewöhnlichen Fällen nicht höher als durch die diken Gedärme bis zur Valvula Coli. Man kann die Application dadurch erleichtern, dafs man den Kranken auf die rechte Seite legen läfst; und den zu frühen Abgang verhüten, wenn man die Beine etwas höher legt. In Verftopfungen des Darmkanals, namentlich im Ileus, hat man durch eine vermehrte Gewalt das Hindernifs der Valvel zu überwinden gefucht, und die Feuchtigkeiten durch die dünnen Gedärme in den Magen geprefst. *De Haen* hat eine Mafchine befchrieben, welche hiezu in Italien erfunden ift; und vor einigen Jahren hat ein englifcher Arzt eine in England gebräuchliche Gartenfprüze mit glüklichem Erfolg dazu angewendet. Solche gewaltfame Injectionen find immer fehr gewagt, und aus leicht einzufehenden Gründen nicht zu empfehlen.

O 5   A. Die

A. Tobaksrauch Klyſtire.

Gaubius Entwürfe von verſchiedenem Inhalt S. 47. Schäffer Gebrauch und Nuzen der Tobaksrauchklyſtire. Taſchenbuch für Wundärzte vom Jahr 1784 und 1785.

Die Anwendung der Tobaksrauchklyſtire ſtammt urſprünglich aus America, und von da aus wurden ſie durch die Engländer weiter verbreitet.

Man hat eigne Inſtrumente dazu erfunden welche faſt durchgängig brauchbar ſind; von den bis jezt bekannten, iſt das *Pickelſche* das bequemſte, und kann zugleich als eine gewöhnliche Klyſtirſprüze gebraucht werden. Im Nothfall vertreten ein paar Pfeifen, wovon man die Köpfe aufeinander hält die Stelle der Inſtrumente.

Man macht von den Tobaksrauchklyſtiren vorzüglich Gebrauch: 1) bey eingeklemmten Brüchen, beſonders wenn die Anhäufung von Koth und Blähungen herrührt, und in der Darmgicht. Sie ſind wirkſamer als innerliche Abführungsmittel. Statt des Rauchs kann man auch ein Decoct oder Aufguſs

Von den Klyſtiren und Stuhlzäpfchen. 219

Aufguſs der Tobaksblätter anwenden. 2) Zur *Rettung lebloſer Perſonen.* Sie ſind aber nicht in allen Fällen anwendbar.

Man ſezt gemeiniglich einen groſſen Werth auf die Anwendung, wenn ſie lange Zeit fortgeſezt werden kann. Bey eingeklemmten Brüchen iſt es freylich oft erforderlich, daſs der Rauch eine halbe oder ganze Stunde ununterbrochen eingeblaſen wird, allein bey lebloſen Perſonen, zumal bey Ertrunkenen, wird der Darmkanal mit einer Menge Luft erfüllt, und widernatürlich ausgedehnt; die Höle der Bruſt wird gepreſst und verengert, und das Athemholen und die Bewegung des Bluts ſehr erſchwert. Ein Tobaksrauchklyſtir ſollte bey Ertrunkenen in der erſten Stunde drey oder viermal beygebracht werden, aber nie lange anhaltend, ſonſt wirkt es mehr als ein narcotiſches, und nicht als ein Excitirmittel.

Wenn dieſe Klyſtire überhaupt dem gewünſchten Entzwek entſprechen und keinen Nachtheil ſtiften ſollen, ſo muſs auch keine Entzündung in den Gedärmen ſchon entſtanden ſeyn, oder ſonſt der Kranke Schmerzen empfinden. Der Dampf des Tobaks iſt ein höchſt reizendes Mittel. Die Zufälle der Entzündung werden allemahl dadurch vermehrt

und

und der Unterleib ſtärker aufgetrieben und geſpannt als vorher. Man muſs um ſo mehr bey hartnäkigen Verſtopfungen Behutſamkeit anwenden, weil ſie gewöhnlich erſt dann gebraucht werden, wenn die Umſtände ſchon miſslich ſind. Bey einer inflammatoriſchen Einklemmung ſind ſie ganz zu meiden.

B. Klyſtire von fixer Luft.

Hay von dem Nuzen der fixen Luft in Klyſtiren in den Sammlung. auserleſn. Abh. f. pr. Aerzte. III. B. Dobſon von den med. Kräften der fixen Luft. Warren von dem Nuzen der Klyſtire aus fixer Luft in faulichten Krankheiten.

Die Verſuche von *Macbride* und *Prieſtley* mit der fixen Luft, haben Veranlaſſung gegeben, daſs man auch in Klyſtiren davon Anwendung machte. Einige Erfahrungen von *Percival*, *Hay*, *Warren* u. m. in faulichten Krankheiten, und in ſogenannten bösartigen Fiebern, haben wirklich ein günſtiges Vorurtheil erregt.

Man läfst die fixe Luft welche aus einer Mifchung von Kreide und Vitriolgeift auffteigt, vermittelft einer Mafchine die man zu den Tobaksklyftiren gebraucht, beybringen.

C. Stuhlzäpfchen; *Suppofitoria, Globuli, Glandes inteftinales.*

Man bedient fich diefer Mittel hauptfächlich in der Abficht um eine Ausleerung zu erregen. Sie wirken als örtliche Reizmittel auf den Maftdarm, und per Confenfum wird dann die wurmförmige Bewegung des ganzen Darmkanals verftärkt. Ueberhaupt genommen find die Klyftire wirkfamer und verdienen den Vorzug. In den meiften Fällen werden fie blos als Hausmittel bey Kindern oder bey Perfonen gebraucht, die zu Klyftiren nicht zu bewegen find, oder wenn die Unreinigkeiten in dem Maftdarm ftoken. Man bereitet fie am häufigften aus Seife, Talglicht, Spek, Rofinen, oder man läfst fie aus Honig oder dem gelben von einem weichgekochten Ey mit Butter und etwas Salz mifchen. Sie find am leichteften beyzubringen, wenn

fie

Die Wirkungen welche man diefen Mitteln zugefchrieben hat Würmer auszuleeren, find fehr unbeteudend; die Afcariden werden vielmehr dadurch noch weiter hinauf getrieben. Auch zur Erregung des Haemorrhoidalfluſſes wenn diefer unvorfichtiger Weife geftopft worden, können fie zwar mit Nuzen angewendet werden, doch erfordern ihre reizenden Eigenfchaften allemal Vorfichtigkeit, und fie können felbft zum Haemorrhoidalfluſs difponiren.

Die *Globuli Mofchati* beftehen aus Stärkemehl, Zucker und Tragantfchleim mit Bifam verfezt, und find von verfchiedener Gröſſe.

Inhalts-Verzeichnifs.

A

Abfinthium	85	Amylum	183
Acetum camphoratum	88	Anemone nemorosa	135
—— lithargyrii	186	—— pratenfis	135
—— rofarum	40	Angelica	208
—— rutae	85	Antimonium falitum	120
—— vini	20. 94	Antirrhinum linaria	163
Acidum aereum	91	Antifeptica	76
Aderlaffen	6	Apium petrofelinum	55
Adftringirende Mittel	27. 79	Aqua Aluminis	47
Aer fixus	91	—— calcis	196
Aerugo	107	—— calida	145
Aefculus Hippocaftanum	82	—— frigida	29
Aezende Mittel	97, 104	—— phagedaenica	107
Aczftein	104	—— Reginae Hungariae	54
Agaricus	25	—— rofarum	40
Alaun	19. 46	—— fapphirina	108
Alcali fixum caufticum	104	—— ftyptica	18
Allium	132	—— Thedenii	20
—— cepa	133	—— vegeto mineralis	186
Althaea	155	—— viridis Hartm.	108
Altheewurzel	155	Arctium lappa	161
Alumen	19. 46	Argentum nitratum	109
Alumen vftum	108	Ariftolochia Serpentaria	87
Ammoniac Gummi	61	Armoracia 132.	208
Amomum zingiber	133	Arnica	85
		Arquebufade	20
		Arfenicum	

Inhalts-Verzeichnifs.

Arsenicum	117	Boletus igniarius	
Arsenik	117	Bolus alba	
Arterienzange	24	—— armena	
Arteriotomia	9	—— rubra	
Artemisia absinthium	85	Borax	
Asarum	202	Brennmittel	
Auripigmentum	120	Brennessel	
Austroknende Mittel	175	Brenncylinder	
Axungia porcina	165	Bruchweide	
		Butyrum	
B.		—— Antim.	
		—— de Cacao	
Badella	12	Butter	
Bäder	30		
Baldrian	87	**C.**	
Balneum vaporis	157		
Balsamus opthal. St. Yves	114	Cajeputoel	
—— Arcaei	170	Calces saturninae	
—— Commendatoris	171	Calx viva	
—— Majoranae	201	Camphora	
—— Nucis moschatae	58	Cantharides	
—— Saponis	75	Capita papaveris	
Bardana	161	Caustica	
Belladonna	160	Cauterisatio	
Bellostesches Wasser	20	Cauterisiren	
Bertramwurzel	207	Cauterisirmittel	
Beta rubra	203	Cauterium actuale	
Bier	154	—— potentiale	
Bilsenkraut	157	Cepa	
Bistorta	41	Cera	
Blauer Vitriol	18	Ceratum citrinum	
Blasenerregende Mittel	123	—— saturni	
Blasenpflaster	123	Cerevisia	
Bleyglätte	185	Cerussa	
Bleykalke	184	Cervus Elaphus	
Bleyweis	191	Chamille	
—— zucker	190	Chamomilla	
Blutausleerende Mittel	1	Charpie	
Blutigel	12	Charpiekugeln	
Blutlassen	6	Chinarinde	
Blutstillende Mittel	16	Cicuta	
Bolarerden	198	Clematis recta	

Inhalts-Verzeichniſs.

Cochlearia Armoracia	172	Emplaſtrum de Cicut. c. Ammon.	189
Colophonium	63		
Conium maculatum	158	—— de Cumino	56
Conſerva roſarum	39	—— de Galbano crocat.	172
Convallaria	102	—— de Hyoſcyamo	158
Côrtex fraxini	82	—— de Meliloto	172
—— Granatorum	38	—— de Minio	185
—— Hippocaſtani	82	—— de ranis	173
—— Malacorii	38	—— de Spermate ceti	173
—— Mezerei	134	—— Diachylon	185
—— nucum iuglandum	181	—— Diachyl. ſimpl.	173
—— Peruvianus	79	—— Diaſulphuria	195
—— Quercus	35	—— Mammillare	174
—— Salicis	81	—— Mercuriale	174
Crocus	162	—— Saponatum	75
Croton lacciferum	43	—— Veſicatorium	123
Cucurbitulae	11	—— —— perpetuum	129
Cuminum	55	Enemata	209
Cuprum acetatum	107	Epheu	135
—— vitriolatum	18	Epiſpaſtica	130
		Errhina	199
D.		Erſchlaffende Mittel	142
		Erweichende Mittel	421
Dampfbäder	151	Eſchenrinde	83
Daphne Mezereum	134	Eſſig	94
Diſcutientia	48	Eſſigroſe	39
		—— ſalmiak	75
E.		Euphorbia 136.	203
		Exſiccantia	175
Eicheln	36	Extractum Catechu	42
Eichenrinde	35	—— Cicutae	159
Eichenſchwamm	25	—— Hyoſcyami	157
Eieroel	168		
Eiſengranulirbäder	31	**F.**	
—— vitriol	45		
Emollientia	142	Fäulniſswidrige Mittel	76
Emplaſtrum de Ammoniaco		Fallkraut	2
	172	Fette	165
—— album coctum	192	Fixe Luft	91
—— citrinum 168.	173	Flammula jovis	136
—— c Gummi	174	Flieder	156
—— de baccis lauri	56	Flores Arnicae	85

P Flores

Inhalts - Verzeichniß.

Flores Balaustiorum	38	Hirudo	12
— Chamomillae	33	Höllenstein	109
— Rosarum rubr.	39	Honig	169
— Sambuci	156	Hyoscyamus	157
— sulphuris	194	Hyssopus	50
— Verbasci	156		
— Zinci	192	*I.*	
Flüchtige Salbe	70		
Fontanelle	138	Iapanische Erde	41
Frictio	137	Iassers Salbe	195
G.		Imperatoria	208
Gänserich	40	Ingber	133
Gallae	37	Iris florentina	183
Galläpfel	37	— nostras	183
Gallizenstein	193	Isop	50
Gartenmelisse	52	Iuglans regia	181
Gebrannter Alaun	108	Iuniperus	56
Gelbe Salbe	116	Iulepus rosarum	40
Gewürzhafte Mittel	50		
Glandes Quercus	35	*K.*	
—— intestinales	221	Käumittel	206
Globuli	221	Kalk	106
—— Moschati	222	Kalkwasser	196
Goldweide	82	Kampher 60.	87
Granatenschaale	38	Kastanie	82
Grüner Vitriol	45	Katechusaft	41
Grünspan	107	Kellerhals	134
Gummi Ammoniacum	61	Kinogummi	43
——-Euphorbii 136.	203	Klette	161
—— Kino	43	Klystire	209
—— laccae	43	Knoblauch	132
—— resinae	61	Kochsalz	71
		Körbel	55
H.		Krausemünze	51
Haarseil	141	Kümmel	55
Haemostatica	16	Künstliche Geschwüre	138
Hammelfett	166	Kupfervitriol	18
Harzichte Mittel	87		
Haselkraut	202	*L.*	
Hedera arborea	135		
Helleborus	202	Lapis causticus	104
Hirschtalg	166	—— infernalis	109

Laurus

Lachenknoblauch	83	Mimosa Catechu	75
Lavendula	53	Mindererngeist	75
Leinkraut	163	Mineralsäure	121
Ligatura	24	Minium	184
Lilie convalle	202	Mittelsalze 66.	95
Linaria	163	Mohnköpfe	156
Linimentum saponis	61	Mohnsaft	65
—— volatile 61.	70	Moxa	101
Linteum carptum	177	Muscatnusoel	57
Liquidambar Styraciflua	90	—— blütoel	58
Liquor vulner. Thed.	20	Myristica Moschata	57
Lithargyrium	185	Myrrhe	88
Lorbeer	56	—— nessenz	89
—— weide	81	—— tinctur	89
Lubricantia	142	*N.*	
Luftsäure	91	Natterwurz	41
Lycopodium	182	Nicotiana	201
		Niesemittel	199
M.		Nitrum	71
Majorana	201	Nux iuglans	181
Malva rotundifolia	155	*O.*	
—— sylvestris	155	Oel 61.	164
Marrubium vulgare	85	Olea aetherea	122
Masticatoria	206	Oleum anisi	59
Matricaria	83	—— anethi	59
—— Chamomilla	54	—— Cajeput	59
Mauerpfeffer	136	—— Camphorae	60
Mayblumen	202	—— carvi	59
Mayran	201	—— cerae	168
Meisterwurz	208	—— Chamomillae	55
Mel rosarum 40.	169	—— Culilaban	60
Melaleuca lecondendron	59	—— cumini	55
Melissa	52	—— de Cacao	58
Meloe vesicatorius	123	—— de Hyoscyamo	158
Mennige	184	—— foeniculi	59
Mentha crispa	51	—— iuniperi	57
—— pulegium	51	—— lauri	56
Mercurius praecipit albus	115	—— lavendulae	53
—— —— ruber	113	—— Macis	58
—— dulcis	204	—— Melissae	52
—— sublimatus	111	—— Menthae	51

Oleum

Inhalts - Verzeichniſs.

Oleum nucistae	57	Rother Praecipitat	119
—— ovorum	168	Rubefacientia	130
—— rorismarini	53	*S.*	
—— rosarum	40	Saalweide	81
—— tartari p. deliq.	197	Saccharum 122.	203
—— terebinthinae	90	Saccharum saturni	190
Opium	65	Säuren	91
Origanum majorana	201	Safran	163
P.		Sal commune	71
Petersilie	55	—— Ammoniacum	66
Pfeffer	133	—— volatile anglic.	70
Ptarmica	199	—— digestivum sylvii	97
Phlebotomia	6	Salix Pentandra	81
Phytolacca	160	—— alba	81
Pimpinella	207	—— caprea	81
Piper	133	—— fragilis	81
Polei	51	—— vitellina	82
Polygonum Bistorta	41	Salmiak	66
Potentilla anserina	40	Salpeter	71
Pulegium	51	Salpetersäure	121
Pulsatilla nigricans	135	Salvei	52
Pulvis Sternutatorius	203	Salvia	52
Punica granatum	38	Salzgeist	72
Pyrethrum	207	Salzsäure	121
Q.		Sambucus	156
Quendel	54	Sanguisuga	12
Quercus robur	35	Sapo vulgaris	74
—— cerris	37	Satureja	54
Qualmbäder	151	Scandix cerefolium	55
Quassia	82	Scarificatio	10
R.		Scarificiren	10
Rabelswasser	20	Schierling	158
Ranunculus acris	136	Schlagaderöffnung	9
Rauschgelb	120	Schlangenmoos	182
Reiben	137	Schlangenpulver	182
Rindertalg	166	Schlangenwurz	41
Rosa Damascena	39	Schleimharze	61
—— centifolia	39	Schmalz	165
Rosenhonig	40	Schnupftobak	201
—— syrup	40	Schröpfen	11
Rosmarinus	53	Schwamm	179
Rosskastanie	82	Schwefelblumen	194
Rothmachende Mittel	130	Schweinefett	165

Schwerd-

Inhalts-Verzeichnifs.

Schwerdlilie	183	Succus catechu		41
Scordium	83	Suppositoria	209.	221
Sedum acre	136	Symphythum		41
Seebäder	31	*T.*		
Seidelbaft	134	Tampon		26
Seife	74	Tabacum		201
Semen lycopodii	182	Tabaksrauchklyftire		218
Senfumfchlag	130	Tartarus folubilis		97
Serpentaria	87	—— tartarifatus		97
Setaceum	141	Tenaculum		25
Sevum cervi	166	Terpentin		64
—— bovinum	166	Terpentinoel		90
—— vervecinum	166	—— geift		90
Silberglätte	185	Terra catechu		41
—— eflig	186	—— japonica		41
Silberweide	81	Teucrium fcordium		83
Sinapis nigra	130	Thedens Schufswaffer		20
Sinapifmus	130	Theobroma Cacao		58
Spanifche Fliegen	123	Thymus vulgaris		54
—— Tinctur	139	—— ferpillum		54
Speichelerregende Mittel	206	Tinctura laccae		44
Speichelwurzel	207	—— Canthariden		129
Spiesglanzbutter	120	—— catechu		42
Spiritus lavendulae	53	—— minii		185
—— Mindereri	75	—— Myrrhae		89
—— falis	72	—— thebaica		66
—— falis Ammoniaci	69	Tollkirfche		160
—— —— —— aromatic.	70	Tormentilla		41
—— —— —— vinofus	70	Tourniquet		22
—— ferpilli	54	—— von Freeke		24
—— vini	19. 44	—— Morellifches		22
—— —— camphoratus	61.	—— Petitfches		23
	88	Trochifci catechu		43
Spongia	179	Tropfbad		34
Sprüzbad	34	Turpethum minerale		204
Stärkemehl	183	*U.*		
Sternutatoria	199	Unguentum ad labia		171
Storax	90	—— ad Scabiem		195
Stuhlzäpfchen 209.	221	—— aegyptiacum		108
Styptifche Mittel	18	—— album fimplex		192
Styrax liquida	90	—— —— camphorat.		192
Sublimat	111	—— altheae		170

Unguen-

Inhalts - Verzeichniß.

Unguentum apostolorum	108	**W.**	
—— Basilicum	170		
—— cantharidum	130	Wachs	166
—— cerae	168	Waldküchenschelle	135
—— citrinum	116	Wallnusschaalen	181
—— de Hyoscyamo	158	Warme Bäder	146
—— de linaria	163	Wasser, kaltes	21. 29
—— de Minio	185	—— warmes	145
—— de Styrace	90	Weidenrinde	81
—— digestivum	170	Wein	45
—— epispasticum	130	—— essig	20
—— de lithargyrio	185	—— geist	19
—— nutritum	189	—— raute	84
—— rosatum	171	Weisse Nieswurzel	202
—— simplex	171	—— r Praecipitat	115
Unterbindung	24	Wermuth	85
Urtica urens	136	—— salz	85
—— dioica	136	Wiesenküchenschelle	135
Urticatio	137	Wollkraut	156
V.		Wolverlei	85
Valeriana	87		
Venaesectio	6	**Z.**	
Veratrum album	202		
Verbascum	156	Zertheilende Mittel	48
Vervex	166	Zincum vitriolatum	193
Vesicatoria	123	Zingiber	133
Violenwurzel	183	Zinkblumen	192
Viride aeris	107	—— kalk	192
Vitriolum album	46. 193.	Zipolle	133
	205	Zucker	122. 203
—— coeruleum	18	Zunder	25
—— cyprium	18	Zusammenziehende Mittel	27
—— martis	45	Zwiebel	133
Vitriolsäure	121		

www.ingramcontent.com/pod-product-compliance
Lightning Source LLC
Chambersburg PA
CBHW020800230426
43666CB00007B/778